U0342247

硫化铜镍矿与镁硅酸盐矿物分离理论及实践

冯 博 著

北 京

冶金工业出版社

2019

内 容 提 要

　　本书较为系统地讨论了蛇纹石、滑石、绿泥石等镁硅酸盐脉石矿物对硫化铜镍矿物浮选的影响及原因，并确定了能够实现硫化铜镍矿物与单一镁硅酸盐脉石矿物浮选分离的技术和方案，且分析了多种镁硅酸盐脉石矿物共存对硫化铜镍矿物浮选的影响以及消除这种影响的技术原理，介绍了所选用技术方案在硫化铜镍矿实际矿石浮选中的作用。

　　本书可供从事硫化铜镍矿与镁硅酸盐矿物分离领域的科研及技术人员阅读，也可供高等院校矿物加工工程专业的师生阅读参考。

图书在版编目(CIP)数据

硫化铜镍矿与镁硅酸盐矿物分离理论及实践/冯博著. —北京：冶金工业出版社，2019.8
ISBN 978- 7- 5024- 8145- 2

Ⅰ.①硫…　Ⅱ.①冯…　Ⅲ.①硫化铜—镍矿物—分离②硅酸盐矿物—分离　Ⅳ.①P578　②TQ172.71

中国版本图书馆 CIP 数据核字（2019）第 170057 号

出 版 人　谭学余
地　　　址　北京市东城区嵩祝院北巷 39 号　邮编　100009　电话　(010)64027926
网　　　址　www.cnmip.com.cn　电子信箱　yjcbs@cnmip.com.cn
责任编辑　王梦梦　美术编辑　郑小利　版式设计　孙跃红
责任校对　石　静　责任印制　李玉山
ISBN 978-7-5024-8145-2
冶金工业出版社出版发行；各地新华书店经销；固安华明印业有限公司印刷
2019 年 8 月第 1 版，2019 年 8 月第 1 次印刷
169mm×239mm；11.75 印张；226 千字；177 页
66.00 元
冶金工业出版社　投稿电话　(010)64027932　投稿信箱　tougao@cnmip.com.cn
冶金工业出版社营销中心　电话　(010)64044283　传真　(010)64027893
冶金工业出版社天猫旗舰店　yjgycbs.tmall.com
（本书如有印装质量问题，本社营销中心负责退换）

前　言

随着人类文明的进步和科学技术的发展，镍已经广泛应用于生产各种特殊钢种、抗腐蚀合金、耐热合金、磁性合金、硬质合金和镍基喷涂材料等，这些特殊钢种被用作飞机、火箭、坦克、车辆、轮船和原子能反应堆等的部件。镍还可以用于陶瓷颜料和防腐镀层等电子工业和化学工业。由于镍在钢铁、机械制造、军事、航天航空方面具有极其重要的作用，因而被各国作为保证国民经济健康发展和国家安全的战略物资进行储备。地球上镍的矿物资源主要有硫化镍矿、氧化镍矿和海底含锌锰结核三种。由于经济技术条件的限制，目前红土镍矿和海底结核尚不能大规模开发利用，硫化镍矿是当今利用的最主要镍资源类型。

世界著名的硫化铜镍矿床，其形成均与基性或超基性岩岩浆作用有关。基性或超基性岩是由橄榄石类、斜长石类和辉石类岩石所组成的火成岩，特点是富铁镁、少钾钠、贫铝硅，主要由橄榄石、辉石以及它们的蚀变产物蛇纹石、滑石、绿泥石等组成。因此硫化铜镍矿物与镁硅酸盐脉石矿物的浮选分离是解决低品位、难处理硫化铜镍矿浮选难题的关键。

作者长期从事该领域的研究工作，为了使广大科研、生产及专业人员更加详细地了解硫化铜镍矿选矿技术及基础理论，作者在研究成果的基础上，撰写了本书。本书共5章，第1章概述了镍的性质、用途以及硫化镍矿的资源特点，在此基础上提出了硫化镍矿选矿的任务，确立了硫化矿物与含镁硅酸盐矿物高效分离是低品位硫化铜镍矿选矿需要解决的关键；第2章介绍了含蛇纹石的硫化铜镍矿的选矿理论及技术，提出了蛇纹石和硫化矿物由表面电性差异而导致的蛇纹石矿泥在硫化矿物表面的罩盖是蛇纹石影响硫化矿物浮选的主要原因，通过高强度搅拌或者加入六偏磷酸钠、碳酸钠等分散剂均可以脱附硫化矿物表面罩盖的矿泥，提高硫化矿物的浮选回收率；第 3 章介绍了含滑石的硫化铜镍矿的选矿理论及技术，讨论了羧化壳聚糖、刺槐豆胶等高分子抑制剂对滑石和硫化矿物的抑制行为，介绍了高分子抑制剂对滑石和硫化矿物浮选分离的影响，分析了高分子抑制剂对滑石的抑制机理；第 4 章介绍了含绿泥石的硫化铜镍矿的选矿理论及技术，研究了羧甲基纤维素、古尔胶等高分子抑制剂对绿泥石和硫化矿物的抑制行为及其影响因素，介绍了高分子抑制剂在绿泥石和硫化矿物浮选分离中的作用，分析了高分子抑制剂对绿泥石的抑制机理；第 5 章介绍了硫化铜镍矿物与多种含镁硅酸盐的浮选分离技术，分析了多种含镁硅酸盐脉石矿物共存时对硫化矿物的影响与单一镁硅酸盐矿物的不同，讨论了多种调整剂对硫化铜镍矿物与含镁硅酸盐矿物浮选分离的影响及机理，介绍了相关技术在含多种含镁硅酸盐的硫化铜镍矿选矿中的应用。

　　本书所涉及的科研项目先后得到国家自然科学基金（项目编号：51404109）、江西省自然科学基金（项目编号：20161BAB216125）、江西理工大学清江拔尖人才计划项目等资助。研究生朱贤文、翁存健为本书实验开展做出了重要贡献。在撰写过程中，研究生张文谱、彭金秀、郭宇涛参与了部分文字录入和图表整理，在此一并表示感谢。

　　由于作者水平所限，书中疏漏和不妥之处欢迎读者批评改正。

作 者

2019 年 5 月

目　　录

1 绪 论

1.1 镍的性质和用途

1.1.1 镍的性质

镍是一种银白色过渡金属，常温下为固体，性坚韧，能被磁化[1]，由瑞典化学和矿物学家克朗斯塔特于 1951 年用红砷镍矿表面风化后的晶粒与木炭共热最先制得[2]。其密度为 8.8~8.9g/cm³，硬度为 5，延伸率为 25%~45%，电导率为 1.29×10⁷S/m。

镍位于元素周期表中第 4 周期第Ⅷ族，原子序数为 28，相对原子质量为 58.70[3]。元素在周期表的位置决定了其相关的物理化学特性，镍的一些物理化学性质与钴、铁、铜相近，如亲氧性和亲硫性。由于铁族元素 d 轨道未充满电子，易形成较强的金属键，而且高温时它们均为面心立方晶体，分布对称，故熔点较高，镍的熔点达到 1455℃，沸点为 2732℃[3,4]。

镍在纯氧下燃烧时发出耀眼白光，细镍丝可燃。常温下，镍在潮湿空气中表面形成致密的氧化膜，不但能阻止其继续被氧化，而且具有耐碱、盐腐蚀的作用。加热时，镍与氧、硫、氯、溴发生剧烈反应。镍能缓慢地溶于稀盐酸、稀硫酸、稀硝酸，溶于硝酸后，呈绿色，但在浓硝酸中表面钝化。含硫的气体对镍有严重腐蚀，尤其是在镍与硫化镍的共晶温度 643℃以上更是如此。镍的化合价为 −1、+1、+2、+3、+4，其中+2 价最稳定，+3 价镍盐可做氧化剂。镍的氧化物有 NiO、Ni_3O_4、Ni_2O_3，镍的硫化物主要有 NiS_2、Ni_6S_3、Ni_3S_2、NiS。镍与一氧化碳可以生成一种挥发性化合物——羰基镍（$Ni(CO)_4$），在标准条件下羰基镍是无色的重液体，且在 43℃时沸腾、180℃时分解，这种性质是镍特有的性质[5]。

1.1.2 镍及镍合金的应用

镍由于具有诸多良好的特性，常被用来生产各种特殊钢种、抗腐蚀合金、耐热合金、磁性合金、硬质合金和镍基喷涂材料（见图 1-1），这些特殊钢种被用来制作飞机、火箭、坦克、车辆、轮船、宇宙飞船和原子能反应堆等的部件。镍用于陶瓷制品、特种化学器皿、电子线路、玻璃着绿色以及镍化合物制备，还可以用来制造货币、陶瓷颜料、永磁材料和防腐镀层，广泛应用于电子工业和化学工业[6]。由于镍在钢铁、机械制造、军事、航天航空方面具有极其重要的作用，因而被各国作为保障国民经济健康发展和国家安全的战略物资进行储备。

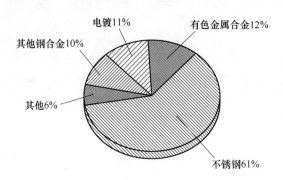

图 1-1　金属镍主要用途

在民用工业中，镍常被制成结构钢、耐酸钢、耐热钢等，大量用于各种机械制造业。镍还可用作陶瓷颜料和防腐镀层。镍钴合金是一种永磁材料，广泛用于电子遥控、原子能工业和超声工艺等领域。纯镍可以制造各种器械，如镍坩埚、管子、仪器、蒸发器和放热器等。在化学工业中，镍可以用来制造镍阳极、硫酸亚镍和氢氧化镍，以供镀镍和制造碱性蓄电池用，同时镍还可用作氢化催化剂，如氧化脂肪和石油的催化剂。近年来，在彩色电视机、磁带录音机和其他通讯器材等方面镍的用量也正在迅速增加。总之，由于镍具有优良性能，已发展成为现代航空工业、国防工业和建立人类高水平物质文化生活的现代化体系不可缺少的金属材料。

1.2　世界镍资源分布

人类在 2000 多年前就开始开发利用镍资源，但是对镍资源的大规模开发利用却直到工业革命后才开始。1864 年人们在新喀里多尼亚发现了埋藏浅、储量大、易于开采的红土镍矿，这为人类的镍生产翻开了新的一页。1883 年加拿大萨德伯里硫化镍矿的发现大大推进了世界镍矿资源的开发利用进程。20 世纪 50年代以后，技术的进步使镍资源的勘探和开采速度大大加快，镍资源的储量和产量均大幅度增长[7]。

世界镍矿资源丰富，但地区分布不均衡。由表 1-1 可知，2007 年底，世界镍矿资源探明储量达 6400 万吨，其中，澳大利亚镍资源储量最为丰富，约为 2400万吨，其次为俄罗斯 660 万吨、古巴 560 万吨、加拿大 490 万吨、新喀里多尼亚440 万吨、南非 370 万吨、印度尼西亚 320 万吨、中国 110 万吨，以上 8 个国家的镍资源储量占到了镍资源总储量的 84%。

表 1-1 全球范围内镍矿资源分布、开采量及储量[8] (t)

国 家	开采量		储量	地质储量
	2005 年	2006 年		
澳大利亚	189000	191000	24000000	27000000
古巴	72000	73800	5600000	23000000
加拿大	198000	230000	4900000	15000000
印度尼西亚	160000	145000	3200000	13000000
新喀里多尼亚	112000	112000	4400000	12000000
南非	42500	41000	3700000	12000000
俄罗斯	315000	320000	6600000	9200000
巴西	52000	74200	4500000	8300000
中国	77000	79000	1100000	7600000
菲律宾	26600	42000	940000	5200000
哥伦比亚	89000	90000	830000	1100000
多米尼加共和国	46000	46000	720000	1000000
博茨瓦纳	28000	28000	490000	920000
希腊	23200	24000	490000	900000
委内瑞拉	20000	20000	560000	630000
津巴布韦	9500	9000	15000	260000
其他国家	25000	25000	2100000	5900000
全球合计	1490000	1550000	64000000	140000000

　　新中国成立初期，四川立马河镍矿床的发现结束了我国没有镍的历史。20世纪我国先后探明了一大批大型（资源储量大于10万吨）和中型（资源储量2万~10吨）的镍矿床（见表1-2），20世纪50年代有云南元江-墨江（大型）、四川力马河（中型）；60年代有甘肃金川（特大型）、吉林红旗岭（中型）、云南白马寨（中型）；70年代有陕西煎茶岭（大型）、青海元石山（中型）、吉林赤柏松（中型）；80年代有新疆喀拉通克（大型）；90年代有新疆黄山（大型）。截至2006年年底，我国查明镍矿产地109处，查明镍资源储量分布在20个省区。其中，54.47%的镍矿资源集中分布在甘肃，其余镍资源储量比较丰富的省区有新疆、云南、吉林、四川、陕西和青海，合计保有储量占总储量的37.98%，其余的镍资源则分布在湖北、江西、福建、广西、湖南、内蒙古、黑龙江、浙江、河北、海南、贵州、山东等12个省区[9]。

表 1-2　我国主要的镍矿床及其品位

矿　床	位　置	规　模	品位/%
金川 2 号矿区	甘肃金川	大	1.29
红旗岭 7 号岩体	吉林省磐石市	大	2.25
漂河川镍矿 4 号岩体	吉林省蛟河市	小	0.83
长仁镍矿	吉林省和龙市	中	0.45
赤柏松镍矿	吉林省通化市	中	0.59
喀拉通克铜镍矿	新疆富蕴县	大	0.58~0.88
黄山铜镍矿	新疆哈密市	大	0.46
黄山东铜镍矿	新疆哈密市	大	0.47~1.64
小南山铜镍矿	内蒙古四王子旗	小	0.54
元石山铜镍矿	青海湟中县	中	0.84
煎茶岭镍矿	陕西略阳县	大	0.65
地棣树墩镍矿	江西弋阳县	中	0.24
力马河镍矿	四川会理县	中	1.01
冷水箐镍矿	四川盐边市	中	0.92
杨柳坪镍矿	四川丹巴县	大	0.39~0.49
天门山镍矿区	湖南	大	0.36
吕王银山寨	湖北大悟县	大	0.3

目前，世界上 59% 的镍产自于硫化镍矿（或称为硫化铜镍矿）。虽然从氧化镍矿中获得镍变得越来越重要，但由于技术经济条件的限制，硫化镍矿石在今后的若干年内仍将是镍资源的重要来源。此外，硫化镍矿石中还伴生有铂、钯、金、银、锇、铱、钌、钴等多种可以开发利用的有价金属元素。拥有硫化镍资源的国家将继续主导世界镍生产。

1.3　硫化镍矿的资源特点

1.3.1　镍的地球化学特性

元素的活动状况主要取决于其物理化学性质，而原子的转移与该元素原子的核外电子层结构有关。铁、钴、镍等过渡元素的原子结构特点是 d 亚层没有被电子充满；次外层电子数为 8~18；最外层价电子数相近或相同。这些元素比较亲铁，它们主要集中在地球深部的"铁镍核"中[10]。根据元素的原子结构、结晶化学特征以及它们在自然界中的分布与组合情况，铁、钴、镍等过渡元素又被称为超基性岩元素。它们的结晶化学关系十分密切，在地壳中广泛呈类质同象彼此置换。在分布最广的铁镁硅酸盐矿物中，如橄榄石、辉石、角闪石以及在碳酸盐矿物中，镁、铁以二价类质同象等价置换就是明显的例子。少量的镍、钴也可进入该硅酸盐中。从大范围来看，镍的地球化学性质与元素镁是密切相关的。由于铁、钴、镍三种元素的原子半径极为相近，它们之间的结晶化学关系十分密切，所以它们的混合晶体广泛分布。

从各种不同岩石所产出的矿物来看，镍的分布集中于最早期结晶的铁镁矿物中（如辉长质或玄武质岩浆分异的早期结晶产物——纯橄榄岩和橄榄岩中含镍量最高，而随着正常的分异次序：辉长岩→闪长岩→花岗岩，含镍量递降）。

镍与硫的亲和力比镍与铁的亲和力强，因此，在硫化矿床内，镍异常集中。但镍很少形成单独的硫化物，通常是镍与铁硫共同形成镍黄铁矿和硫铁镍矿，在镍黄铁矿中 $m(Ni):m(Fe)=1:1$，而在硫铁镍矿中，镍铁比是不定的。

在岩浆成因的与橄榄岩有关的镍矿床中，镍不仅产于与纯橄榄岩和橄榄岩有关的硫化矿石中，而且在这些岩石的硅酸盐矿物中，也含有相当量的镍。镍可以产于岩浆岩的铁镁矿物内，尤其是橄榄石内，同时也是辉石的次要成分。

在热液矿床内，产有很多镍的含硫盐，如辉砷镍矿，锑硫镍矿常与红砷镍矿共同产出。此外，与之伴生的还有方钴矿和红锑矿。

在一般镍矿床中，常含有钯、铂等元素，有些富矿体可作为单独的铂矿床开采，但也有一些不含铂族元素的镍矿床。

在矿石中，镍的赋存状态[11]除形成某些单矿物外，还有如下几种形式：

（1）呈类质同象混入；

（2）呈晶格杂质混入；

（3）显微包裹体；

（4）胶体吸附等。

1.3.2 硫化镍矿床的成因

关于硫化镍矿床的成因理论很多，比如流行的有结晶分异说、熔离说、同化说、堆积说及矿浆说等[12]。

结晶分异说的观点是岩体的成层构造（组分层理）和硫化矿的富集是结晶分异和重力沉降的结果[13]。侵入地壳的岩浆当温度和压力降低时就开始结晶。一般镁铁质矿物（包括尖晶石族）首先晶出。由于这些早期晶出的矿物密度较未结晶的岩浆大，所以它们就下降，并在靠近岩浆体的底部集中。随着温度下降和剩余岩浆组分的变化，各种矿物依次晶出，形成不同的岩相带。金属硫化物由于密度大、结晶温度低，先是呈液态从岩浆中分离出来并向下沉降，然后在比较冷的情况下晶出，从而形成了具有分异岩相的岩体和硫化矿层。

熔离说的基本观点是岩浆中的成矿物质（金属硫化物熔浆）是在液体状态

下从硅酸盐熔浆中分离出来的[14]。岩浆中不同的组分在一定的高温、高压条件下是互相混熔的，但当温度、压力下降到一定的范围则可以是不相混溶的。较重的金属硫化物熔浆就会透过较轻的硅酸盐熔浆向下沉降，从而在岩浆房里形成液态的层状硫化物矿浆和硅酸盐熔浆。这些不同组分的熔体在压力作用下，分期分批侵入（或喷出）地壳，便形成含矿的层状岩体或者重复分层的杂岩体。多相组分熔浆的不混溶性在自然界及实验室均已得到证实。例如，1950 年 R. Fischer 关于高铁氧化物、硅酸盐、磷酸盐的不混溶性试验；1967 年 A. R. Philpotts 关于富含磷灰石液体磁铁矿-磷灰石熔浆与硅酸盐熔浆的不相混溶性试验，这些都说明了硫化物或者氧化物矿浆可以从硅酸盐熔体中熔离出来。在自然界很多高温条件下形成的矿物，如金伯利岩、橄榄岩中的橄榄石可以含有硫化物微滴；甚至球颗玄武岩也都是不相混溶的例证。基性超基性岩中镍的含量各地所见相差无几，但有的能成矿有的不能成矿，关键在于母岩浆是否经过充分的熔离作用，没有充分的熔离作用就不可能形成金属硫化物的大量富集。

熔离说在中国是比较盛行的。早在 20 世纪 60 年代就习惯地把岩浆硫化镍矿分为就地熔离矿床、深部熔离贯入矿床和晚期贯入矿床，这种分类的理论基础是熔离说。就地熔离矿床中部分悬浮于岩体的一定部位成浸染状矿体，并因重力作用在岩体下部聚集成富矿体，少部分悬浮于岩体的一定部位成浸染状矿体。深部熔离贯入矿床指的是在岩浆未就位之前在深部岩浆库内进行的，硫化物熔浆与硅酸盐岩浆是分别侵入的，有些全矿岩体（满贯式）就属于这种成因。晚期贯入矿床是岩浆作用晚期通过压滤作用把硫化物液体排挤出来，并沿岩体的原生节理或围岩的断裂构造侵位而成的。

同化说也认为岩浆熔离作用是成矿的主要因素[15]。但强调幔源的岩浆一般是贫硫的，矿石中的硫主要来自地壳。岩浆在侵入过程中吸收了围岩中的硫，并与岩浆中的金属元素结合，形成硫化物熔浆，然后从原始硅酸盐熔浆中分离出来，形成矿床。因此，在岩浆生成之后的运移过程中是否有大量硫的加入是成矿的关键。这种理论能较好地解释为什么年代较近的大洋生成的超基性、基性岩岩浆（蛇绿岩套）缺乏镍硫化物。就目前所知，很多大的硫化镍矿床矿石中重硫的含量普遍偏高。

堆积说是近期发展起来的有关基性-超基性岩成岩成矿的理论[16]。该学说认为这种侵入岩的冷凝成岩过程颇似碎屑沉积岩的成岩过程。早期结晶的矿物沉降下来堆积在岩浆体的下部，后来又被充填于空隙中的残余岩浆的冷却产物所胶结。早期结晶的矿物称为堆积矿物，后来的填隙物称为后堆积矿物。硫气物熔浆由于密度大、结晶晚，一般形成填隙残浆，作为后堆积矿物聚集在岩体的底部，或者被挤压出来，贯入压力较低的岩体边缘或者早期形成的裂隙之中。

矿浆成矿说原是一种比较古老的成矿理论[17]，但长期以来并未受到重视。

20 世纪 50 年代以后，由于智利拉克苏尔磁铁矿流和伊朗巴福罗磁铁矿火山弹和磁铁矿熔岩流的先后被发现，以及多相熔浆不相混溶性的试验成果，使得该理论有再度兴起之势。目前已较广泛地应用于岩浆型铬铁矿、铁矿、硫化镍矿、磷灰石矿等矿床成因的研究。矿浆成因的硫化镍矿的理论基础是不同组分的熔浆的不相混熔性，即硫化物熔浆与硅酸盐熔浆在一定的理化条件下具有互不混熔的性质。并且由于密度的差异在深部岩浆房里可以呈液态分离。后来由于压力作用，不同成分的熔浆可以分期侵入或者喷出。其中的金属硫化物熔浆侵位之后直接凝固为矿石。在这方面最具有说服力的典型实例为澳大利亚卡穆巴尔达地区与柯马提质火山岩伴生的硫化镍矿床。其中的主要富矿体产于柯马提质岩流下面接触带底板沟槽里。在矿层之上往往覆盖一层较薄的水下沉积物（黑色燧石层）。上覆的侵染状硫化物矿体的底部经常聚集有铬铁矿晶体。显然，在上覆岩流中的铬铁矿晶出沉降到底部之前，下伏的块状硫化物矿层已经完全固结。这有力地说明接触带的富矿层与上覆的含侵染状矿石的岩流之间有过喷发沉积间断，两者是分别喷出到海底的。接触带的富矿层不是整个岩流单元结晶分异重力沉降的结果，而是由深部熔离的富金属硫化矿矿浆喷出地表直接凝固而成。它与随后喷发的含硫化物硅酸盐岩浆是同源的，但两者是作为单独的岩流单元分别喷出的。

深部熔离的矿浆既可以分期喷出，当然也可以分别侵入。傅德彬[18]在综合研究了中国的红旗岭、立马河、赤柏松等地区与侵入的基性超基性杂岩有关的镍矿床之后认为其中的主要富矿体都是矿浆贯入生成的，即来自上地幔的原生含矿熔浆，经深渊液态层状熔离分异作用，熔离出来的富硫化物或纯硫化物矿浆，在动力驱动下沿断裂构造连续或断续贯入地壳上部形成的，并称之为"矿浆贯入矿床"。

综上所述，关于岩浆硫化镍矿各种成因观点都有其一定的理论基础和实践依据。其中的结晶分异说与堆积说较为接近，能较好地解释某些低品位侵染状矿石的成因；而熔离说和同化说的理论基础较为接近，基本观点都是多相熔浆的不相混熔性。矿浆说丰富和发展了熔离说，能较好地解释某些富矿体的成因。总的看来，硫化镍矿床的成因机制一般都比较复杂。不同地质环境的矿床生成机制不可能一样。即使同一矿床，不同地段不同类型矿石的生成机制也往往不同。有的矿体可能是结晶分异堆积而成，而另外的矿体则可能是矿浆贯入，或者同化作用起了主导作用。因此，有些矿床的形成可能包括了几种不同的机制，需要用几种不同的理论来解释。例如一次岩浆作用，来自地幔的原始岩浆，在深部可能先经历了熔离作用，形成幔源硫化物熔浆（矿浆）；也可能在运移过程中同化了围岩，从中吸取了大量的硫，形成富含重硫的硫化物熔浆。这些分离了的熔浆和矿浆可能分期侵入或喷出地表，形成含矿的复式岩体或火山系列。而其中部分含硫化物的熔浆在就位之后随着温度压力的降低会产生明显的结晶分异或者重力沉降形成侵染状矿石。富含硫化物的填隙的残余岩浆可能由于压滤作用被挤出来贯入压力较低的裂隙或围岩之中。这一系列的作用在同一次岩浆作用过程中都可能产生，从而形成物质组分具有一定的相似性，但矿石结构构造、矿体的产状形态和赋存部位各异、成矿机制复杂的矿床。所以，在讨论某一矿床的成因时，应对不同类型的矿石作具体的分析，才能对矿床的成因做出全面的较正确的解释。

1.3.3 硫化镍矿床的矿物共生组合

世界著名的硫化镍矿床、如中国的金川镍矿、俄罗斯的诺里尔斯克镍矿、加拿大的萨德贝里镍矿、澳大利亚的卡姆巴尔达镍矿，其形成均与基性或超基性岩岩浆作用有关。基性或超基性岩是由橄榄石类、斜长石类和辉石类岩石所组成的火成岩，其特点是富铁镁、少钾钠、贫铝硅[19]。二氧化硅含量为 45%～52% 之间的为基性岩，而二氧化硅含量小于 45% 的为超基性岩。硫化镍矿床的矿石类型主要有 5 种：致密块状矿石、细脉浸染状矿石、基性-超基性母岩中的浸染状矿石、角砾状矿石和接触交代矿石。不同地区的矿床中各种类型的矿石所占比例各不相同[20]。

硫化镍矿床的化学成分和矿物组成比较简单。主要的有用元素为镍、铜、钴及铂族元素，有些矿床还伴生有金、银、硒、碲等元素。主要的有用矿物为硫化镍及硫化铜矿物，还伴生有多种其他矿物，如自然金属，多种金属的硫化物、砷化物、硒化物、氧化物等。不同产地的原生硫化铜镍矿床的基本金属矿物组成大致相似，即磁黄铁矿-镍黄铁矿-黄铜矿组合及黄铜矿-磁铁矿组合，其特点是：硫化矿物晶格成分稳定，自然可浮性好，其中黄铜矿具有最好的可浮性，而镍黄铁矿在各种 pH 值条件的介质中可浮性总是好于磁黄铁矿。蚀变作用、地下水及风化作用的存在会导致矿体化学成分及矿物成分发生变化。镍黄铁矿是硫化铜镍矿中最不稳定的硫化矿物，通常会蚀变成为针镍矿，在转变过程中还会生成一个不稳定的中间相紫硫镍矿；磁黄铁矿和黄铁矿性质也不稳定，在富镍条件下，磁黄铁矿的氧化产物是次生黄铁矿及白铁矿，而在氧化带中，磁黄铁矿与黄铁矿会转变为针铁矿。次生硫化铜镍矿的矿物共生组合为：黄铜矿-针镍矿、白铁矿-紫硫镍矿、次生黄铁矿，其特点是：硫化矿物晶格成分不稳定，矿物解理发育，容易氧化，易过粉碎，如紫硫镍矿的铁镍比值较高，自然可浮性差。同一硫化镍矿体由于地质条件的差异在不同空间部位会发生不同程度的蚀变，导致原生硫化矿物与次生硫化矿物交错共生，使矿物组成变得十分复杂，给浮选分离带来困难[21]。

硫化矿体发生蚀变的同时，周边围岩也会发生蚀变。空气、水及硫化矿体浅成蚀变的共同作用导致脉石矿物发生绿泥石化、滑石化及硅化。橄榄石最终形成蛇纹石及有关含水硅酸盐，无水铁镁硅酸盐在热液作用下形成了蛇纹石及滑石，含铁镁硅酸盐转变为绿泥石，辉石则转变为滑石。因此，与基性超基性岩有关的硫化铜镍矿的脉石矿物共生组合通常为：橄榄石-蛇纹石-辉石-滑石-绿泥石-菱镁矿。蚀变过程中，在氧气作用下，脉石发生蛇纹石化时会析出云雾状的磁铁矿并嵌布在蛇纹石中，因此，在硫化铜镍矿中，脉石矿物易泥化并有一定磁性，与硫化矿物分离困难[22]。

1.3.4 主要硫化矿物的矿物学特性

由于镍可以通过类质同象形式存在于矿物中，因此世界上的含镍矿物达 50 多种，其中比较常见且具有工业利用价值的含镍矿物及其分子式见表 1-3。由于晶格取代的发生，矿物的实际化学成分与分子式可能不同[23]。

表 1-3 常见含镍矿物及其矿物分子式

矿物名称	矿物分子式	含镍量/%
镍黄铁矿	$(Fe,Ni)_9S_8$	34.2
紫硫镍矿	$FeNi_2S_4$	38.9
针镍矿	NiS	64.7
辉镍矿	Ni_3S_4	57.9
方硫镍矿	NiS_2	47.8
红砷镍矿	$NiAs$	43.9
砷镍矿	Ni_3As_2	54.0
辉砷镍矿	$NiAsS$	35.4
暗镍蛇纹石	$(Ni,Mg)O \cdot SiO_2 \cdot nH_2O$	含 NiO 2~47
镍绿泥石	$(Ni,Mg)_3Si_2O_5(OH)_4$	含 NiO 20~40.2
绿高岭石	$Ni_3(Fe^{3+})_2(Si,Al)_4O_{10}(OH)_2 \cdot nH_2O$	含 NiO 1.1~1.8

镍黄铁矿是最常见的硫化镍矿物，在自然界中常与磁黄铁矿和黄铜矿共生，成为典型的共生矿物组合。镍黄铁矿为古铜黄色，具有金属光泽，一般呈细粒状，沿矿物的光滑表面解离裂隙发育，相对密度为 $4.5 \sim 5g/cm^3$，硬度为 $3 \sim 4$，无磁性，导电性好。镍黄铁矿理论分子式为 $(Fe,Ni)_9S_8$，理论化学组成为铁 32.55%，镍 34.22%，硫 33.23%，常有钴、硒、碲等元素以类质同象形式进入其晶格导致化学成分发生变化，但镍铁比值接近 1[24,25]。镍黄铁矿属于等轴晶系，硫离子呈立方紧密堆积，铁和镍占据四面体和八面体空隙，可以相互置换。镍黄铁矿具有发育良好的八面体解离，在解离中常为紫硫镍矿所充填，在浅成蚀变条件下，紫硫镍矿会沿其解离发育，并最终完全取代镍黄铁矿。

紫硫镍矿由磁黄铁矿或镍黄铁矿蚀变而成，其理论分子式为 Ni_2FeS_4，理论化学组成为镍 38.94%，铁 18.52%，硫 42.54%[26]，随产出环境不同，化学成分发生波动。蚀变较弱时，含镍 28%~36%，蚀变较强时，含镍 16%~25%，即强蚀变矿石中镍硫含量低，铁含量高。紫硫镍矿的八面体解离发育，在解离中穿插有磁黄铁矿、碳酸盐矿物、透闪石及金云母。紫硫镍矿疏松易碎、容易氧化，可在表面形成由碧矾晶体及氢氧化铁、氢氧化镍混合物组成的 $0.2~1\mu m$ 的氧化层，使表层含铁高、含硫低。紫硫镍矿在有限氧化环境下才能稳定存在，易被氧化淋失，不易形成有工业价值的矿床。

磁黄铁矿不属于含镍矿物，晶格的理论成分中也不含镍，但部分磁黄铁矿会由于晶格取代而含镍，在自然界中常与镍黄铁矿、黄铜矿等紧密共生[27]。磁黄铁矿为暗青铜黄色，带褐色锖色，条痕亮灰黑色，具有金属光泽，解理不完全，性脆，具有弱磁性，导电性良好，硬度为 3.5~4.5，相对密度为 4.6~4.7。磁黄铁矿由数目相近的硫原子与铁原子组成，由于镍和钴能以类质同象的形式置换铁，导致磁黄铁矿中铁硫原子的比值发生变化，但其组成介于 FeS 与 Fe_7S_8 之间[28]。磁黄铁矿通常参与硫化镍矿体的蚀变过程，其解离中存在微细粒浸染分布的紫硫镍矿和镍黄铁矿，难以选矿分离，因此选矿所得的磁黄铁矿精矿中镍含量通常大于 1。

1.4　硫化镍矿的选矿任务

硫化镍矿床的矿石按硫化率（硫化物状态的镍（SNi）与全镍（TNi）质量之比）可分为：原生矿石（SNi/TNi > 70%）、混合矿石（SNi/TNi 为 45%~70%）、氧化矿石（SNi/TNi < 45%）。原生矿石工业开采的边界品位为 0.2%~0.3%，最低工业品位为 0.3%~0.5%；氧化矿石工业开采的边界品位为 0.7%，最低工业品位为 1%。根据镍含量不同，硫化镍矿石可以分为三个品级[29]：（1）$w(Ni) > 3\%$，为特富矿石；（2）$w(Ni) = 1\%~3\%$，为富矿石；（3）$w(Ni) = 0.3\%~1\%$，为贫矿石。特富矿石可直接冶炼提取，而富矿石及贫矿石需要富集后才能冶炼提取。

目前硫化镍矿的分离富集方法主要有三种：选矿方法、生物提取和化学提取。选矿方法的操作成本低，处理量大，对矿石的适应性强，是目前处理硫化镍矿最常用的方法。化学提取是利用物料组分化学性质的差异，通过酸碱盐等浸出剂选择性地溶解分离有用组分与废弃组分的方法[30]。生物提取是借助某些微生物的作用将矿石中的有价金属浸出到溶液中，然后采用常规的湿法冶金工艺回收有价金属的富集方法[31]。由于生物冶金和化学提取在富集硫化镍矿时存在周期长、酸耗高、成本高和规模要求大的缺点，目前选矿方法仍是处理硫化镍矿石的主要手段。

在制定硫化镍矿石选别工艺时，硫化镍矿石中各种硫化矿物的含量比例，硫化矿物集合体的嵌布粒度，不同硫化矿物之间的镶嵌关系以及脉石矿物种类是需要考虑的主要因素[32]。目前使用较多的硫化镍矿选矿方法是通过浮选分离金属硫化矿物与硅酸盐脉石矿物,达到分离富集有价金属的目的。

由于铜在镍冶炼过程中损失较小,因此硫化镍矿浮选时可以得到铜镍混合精矿直接进行镍冶炼,也可以铜镍分离后再进行冶炼处理。当浮选精矿镍品位大于6.5%,而 MgO 含量小于6.8%时可以使用高效低耗的闪速炉进行熔炼处理,而当浮选精矿镍品位小于6.5%或者精矿中 MgO 含量大于6.8%时则需要使用电炉进行熔炼处理。熔炼过程脱除了浮选精矿中的大部分钙、镁、硅杂质,得到主要成分为 Ni_3S_2、FeS 和 Cu_2S 的低镍锍[33]。低镍锍还需要通过卧式转炉进行处理,以除去大部分的铁、锌、砷、锑等杂质,得到主要成分为 Ni_3S_2 和 Cu_2S 的高镍锍。高镍锍是硫化镍和硫化铜的混合物,在精炼之前需要进行铜镍分离,将高镍锍缓慢冷却并磨矿后,通过浮选可以得到含铜69%~71%、含镍3.4%~3.7%的硫化铜精矿,含镍62%~63%、含铜3.3%~3.6%的硫化镍精矿及含镍60%、含铜17%的铜镍合金。硫化镍精矿与硫化铜精矿通过精炼即可得到最终的镍产品和铜产品,铜镍合金则返回熔炼作业继续处理[34]。

闪速炉熔炼镍精矿具有单炉处理能力大,节能环保,连续作业的优点,但对镍精矿品质要求也较高。使用闪速炉冶炼处理镍浮选精矿要求镍精矿中 MgO 含量不能高于6.8%,MgO 含量过高会使冶炼炉温升高,成本增加。镍精矿中 MgO 含量过高,还会增大炉渣黏度,降低冶炼回收率,炉渣黏度过大还会导致闪速炉结瘤,局部炉体腐蚀产生漏炉[35,36]。因此,硫化镍矿选矿中,降低镍精矿中 MgO 含量一直是研究的重点。

2 含蛇纹石的硫化铜镍矿的选矿

蛇纹石是硫化铜镍矿石中最主要的含镁硅酸盐脉石矿物，也是影响硫化铜镍矿浮选指标的主要原因。硫化铜镍矿石中，镍黄铁矿的表面性质及可浮性与黄铁矿相近，本章选用黄铁矿作为硫化矿物的代表，阐述蛇纹石影响硫化矿物浮选的原因及消除方法。

2.1 蛇纹石的性质特征

蛇纹石是一种含镁硅酸盐矿物，其化学式为 $Mg_6[Si_4O_{10}](OH)_8$，分子中 MgO、SiO_2、H_2O 分别占 43.60%、43.30%、13.10%。蛇纹石一般呈绿色和褐色，半透明或不透明，常具蜡状光泽、丝绢光泽等，硬度为 2.5~4。叶蛇纹石、利蛇纹石、纤蛇纹石等统称为蛇纹石，形状一般呈叶片状、鳞片状等，有时呈具胶凝体特征的肉冻状块体。蛇纹石因具有耐热、抗腐蚀、耐磨、隔音的特点及伴生有用组分，而被用于建筑、医药等领域[37,38]。

蛇纹石晶体结构（TO 型）是由硅氧四面体层和镁氧八面体层按 1:1 的比例组成，硅氧四面体与 $Mg-O_2(OH)_4$ 组成的八面体氢氧镁石层连接，硅氧四面体角顶的活性氧可替代氢氧镁石层中的羟基[39]。蛇纹石表面大量的 Mg^{2+} 与 —OH 是碎磨过程中镁氧八面体层断裂产生的，浮选时，—OH 进入矿浆中，造成蛇纹石表面荷正电[40,41]。蛇纹石表面活性基团是由于其断裂面上存在活性基团，如 Si—O—Si、Si^{4+}、Mg^{2+} 和 OH^- 等[42]。蛇纹石中 Mg^{2+} 可被 Al^{3+}、Fe^{2+}、Ni^{2+} 替代而变种。蛇纹石的晶体结构如图 2-1 所示[43]。

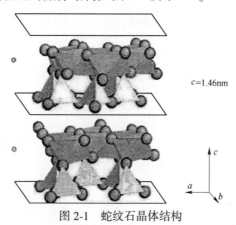

$c=1.46nm$

图 2-1 蛇纹石晶体结构

2.2 蛇纹石与硫化矿物颗粒间相互作用及浮选分离

浮选是利用矿物表面物理化学性质的差异,在固-液-气三相界面分离有用矿物与脉石矿物的一种选别技术。矿物的表面物理化学性质,如表面疏水性、表面电性及矿物与捕收剂作用的能力均会影响矿物的浮选行为,进而影响不同矿物之间的浮选分离。本节以黄铁矿为硫化矿物代表讨论黄铁矿以及蛇纹石的表面性质异同及二者之间的相互作用对黄铁矿表面性质的影响,并考察表面性质变化与矿物浮选分离之间的关系,明确蛇纹石干扰硫化矿物浮选的主要原因,探讨浮选过程中的可控变量对矿物表面性质及浮选行为的影响。

2.2.1 黄铁矿与蛇纹石表面性质差异及浮选分离

2.2.1.1 黄铁矿与蛇纹石表面性质差异

矿物的可浮性是由矿物的表面物理化学性质决定的。不同矿物的化学组成和晶体结构不同,在破碎磨矿过程中所暴露的断裂面的性质存在差异,这就决定了不同矿物之间的可浮性也存在差异。矿物断裂面与矿物晶格内部的主要区别是,矿物内部的键能是平衡的,而矿物表面却存在有大量的不饱和键。矿物断裂面上的这种不饱和键的性质,决定了矿物的可浮性[44]。蛇纹石是 1:1 型层状硅酸盐矿物,矿物解离时镁氧八面体层发生断裂,表面暴露的 Mg—O 离子性强,水化作用强,亲水性好[45]。而在黄铁矿结晶中,两个硫离子成对地组成阴离子团 $[S_2]^{2-}$。黄铁矿破碎时,表面常呈现完整的结晶,使其新鲜解离面亲油疏水[46]。理论上,黄铁矿与蛇纹石的表面疏水性是不同的。

矿物表面接触角的大小可以反映矿物的表面疏水性,接触角越大、矿物表面疏水性越好。图 2-2 所示为黄铁矿和蛇纹石表面接触角随 pH 值的变化。由图可知,在试验所研究的整个 pH 值范围内,蛇纹石表面接触角均较低且不受 pH 值变化的影响;黄铁矿表面接触角在试验所研究的整个 pH 值范围内均高于蛇纹石,在酸性及中性 pH 值条件下黄铁矿表面接触角不受 pH 值变化的影响,而在强碱性 pH 值条件下,黄铁矿表面接触角降低,这是黄铁矿表面氧化生成亲水的氢氧化铁薄膜的结果。图中结果表明,硅酸盐矿物蛇纹石与硫化矿物黄铁矿的晶体结构不同,表面疏水性也存在较大差异,在试验所研究的整个 pH 值范围内黄铁矿的接触角均要高于蛇纹石,这为实现黄铁矿与蛇纹石的浮选分离提供了基础。

表面电性是矿物表面的一种重要性质,矿物的表面电性能够影响矿物之间、矿物与浮选药剂之间的相互作用,从而对矿物的浮选分离产生影响。例如当捕收剂主要通过静电作用在矿物表面吸附时,如果矿物表面荷正电,可用阴离子捕收

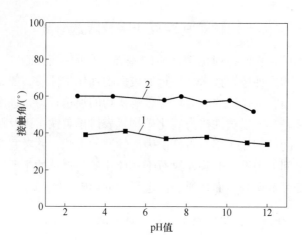

图 2-2　黄铁矿与蛇纹石表面接触角随 pH 值的变化
1—蛇纹石；2—黄铁矿

剂进行浮选，而矿物表面荷负电，则用阳离子捕收剂进行浮选[47]。矿物表面的荷电主要是由于矿物表面离子在水中与极性水分子相互作用，发生溶解、解离或吸附溶液中的某种离子[48]。不同晶体结构的矿物在水溶液中的荷电机理不同，表面电性也存在较大差异。

黄铁矿属于硫化矿物，硫化矿物表面存在有两种官能团（≡Me—OH 和≡S—H），根据矿浆组成不同，≡S—H 可以转变为≡S—Me—OH，≡Me—OH 也可以转变为≡Me—S—H，H+ 在矿物表面吸附或离解，进一步形成质子化表面或去质子表面，使得硫化矿物表面荷正电或负电[49,50]。在不同 pH 值环境中，随着溶液中 H+ 浓度的变化，形成的质子化表面和去质子表面比例发生变化，从而使矿物表现出不同的表面电性，当质子化表面和去质子表面的比例为 1∶1 时，整个表面表现为电中性，此时对应的矿浆 pH 值即为矿物的零电点（PZC）。Fornasiero[51] 发现当黄铁矿置于矿浆中时，表面发生氧化溶解，溶出的铁离子发生水解反应生成氢氧化铁或羟基铁吸附在黄铁矿表面，会对黄铁矿的表面电位产生影响。根据表面氧化程度不同，黄铁矿零电点 pH 值会在 1.2~7 之间变动。蛇纹石属于层状镁硅酸盐矿物，其荷电机理是蛇纹石晶体结构中硅氧四面体层和镁氧八面体层按 1∶1 的比例组成其结构单元层，解离时镁氧八面体层断裂，断裂面暴露大量金属离子 Mg^{2+}，使蛇纹石表面荷正电，零电点 pH 值较高[40,41]。

图 2-3 所示为黄铁矿与蛇纹石表面电位随 pH 值的变化情况。由图可知，蛇纹石的零电点 pH 值为 11.8，当矿浆 pH 值小于 11.8 时，蛇纹石表面荷正电，且随 pH 值升高，矿物的表面电荷绝对值降低。黄铁矿表面在试验所研究的广泛 pH 值区间内荷负电，零电点 pH 值为 3，这是黄铁矿表面发生部分氧化的结果[52,53]。

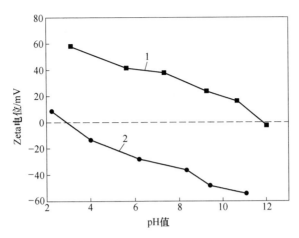

图 2-3　pH 值对黄铁矿与蛇纹石表面电性的影响
1—蛇纹石；2—黄铁矿

在硫化铜镍矿浮选的常用 pH 值区间（pH 值在 9 附近），黄铁矿与蛇纹石表面电性的不同对浮选过程存在两方面的影响：

（1）蛇纹石表面荷正电，有利于阴离子捕收剂通过静电作用在其表面发生吸附，增加脉石矿物的浮选回收率[54]。

（2）黄铁矿表面荷负电，蛇纹石表面荷正电，二者电性相反，存在较强的静电吸引作用，在调浆过程中容易发生异相凝聚，恶化浮选过程[55]。

捕收剂在不同矿物表面的选择性吸附能够调控矿物表面的疏水性差异，改变矿物的浮选行为，实现矿物的浮选分离。捕收剂可以通过物理吸附、化学吸附和表面化学反应等方式吸附在矿物表面[56]，不同矿物与捕收剂的作用机理存在很大不同。黄药是硫化矿物浮选的常用捕收剂，研究发现，黄药能够吸附在黄铁矿表面并在黄铁矿表面形成双黄药和羟基黄原酸盐络合物，提高黄铁矿的表面疏水性，从而增加黄铁矿的浮选回收率[57~59]。虽然黄药和荷正电的蛇纹石表面存在静电吸引作用，但爱德华的研究发现黄药不会吸附在蛇纹石表面[60]。

图 2-4 所示为 pH 值为 9 时，戊黄药在黄铁矿和蛇纹石表面的吸附量随戊黄药加入量的变化。图中结果表明，戊黄药在黄铁矿表面吸附量较高，当戊黄药用量较低时（小于 1×10^{-4} mol/L），加入的戊黄药全部吸附在黄铁矿表面，随戊黄药加入量增加，戊黄药吸附量迅速增加。与黄铁矿不同，戊黄药不会吸附在蛇纹石表面，随戊黄药用量增加，蛇纹石表面戊黄药吸附量始终为零。捕收剂戊黄药在蛇纹石与黄铁矿表面的不同吸附行为进一步扩大了黄铁矿与蛇纹石的表面疏水性差异。

黄铁矿与蛇纹石分属不同的矿物类型，二者的表面电性、表面疏水性及与捕收剂戊黄药的作用能力均存在较大的不同。因此，基于表面性质判断二者的浮选分离是容易实现的。

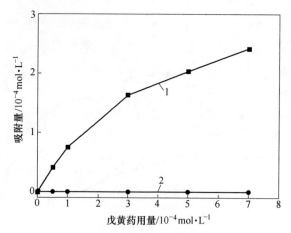

图 2-4　戊黄药在黄铁矿与蛇纹石表面的吸附行为

1——150μm+37μm 黄铁矿；2——10μm 蛇纹石

2.2.1.2　黄铁矿与蛇纹石浮选分离

蛇纹石不会吸附捕收剂戊黄药，而戊黄药在黄铁矿表面有较高的吸附量，因此，选用戊黄药作为浮选捕收剂，研究黄铁矿与蛇纹石单矿物的浮选行为，以考察二者浮选分离的可能性。图 2-5 所示为 pH 值为 9 时，戊黄药用量对蛇纹石与黄铁矿浮选回收率的影响。由图可知，没有戊黄药加入时，具有一定表面疏水性的黄铁矿浮选回收率较低，只有 41%，随着戊黄药用量增加，黄铁矿的浮选回收率迅速升高，当黄药用量为 $1×10^{-4}$ mol/L 时，黄铁矿浮选回收率即达到 82%，

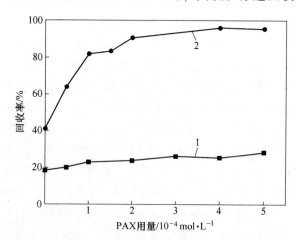

图 2-5　戊黄药用量对黄铁矿与蛇纹石浮选回收率的影响

(pH 值为 9，MIBC 用量 $1×10^{-4}$ mol/L)

1—蛇纹石；2—黄铁矿

再增加戊黄药用量，黄铁矿浮选回收率增加较小。与接触角和吸附量试验结果相对应，蛇纹石浮选回收率较低且不受戊黄药用量影响，随戊黄药用量增加，蛇纹石浮选回收率变化不大。

图 2-6 所示为固定戊黄药用量为 1×10^{-4} mol/L 时，矿浆 pH 值的变化对蛇纹石与黄铁矿浮选回收率的影响。由图可知，蛇纹石浮选回收率不受 pH 值的影响，在试验所研究的整个 pH 值范围内浮选回收率均较低。黄铁矿浮选回收率受 pH 值影响较大，在酸性及中性 pH 值条件下，黄铁矿浮选回收率较高，在碱性 pH 值条件下随 pH 值升高黄铁矿浮选回收率降低，这是由于强碱性 pH 值条件下黄铁矿表面氧化生成的亲水的氢氧化铁薄膜抑制了黄铁矿的上浮。

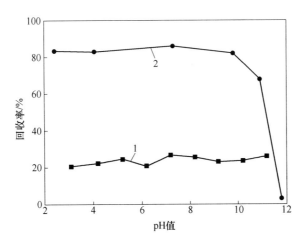

图 2-6　pH 值对黄铁矿与蛇纹石浮选回收率的影响

（PAX 用量 1×10^{-4} mol/L，MIBC 用量 1×10^{-4} mol/L）

1—蛇纹石；2—黄铁矿

图 2-5 和图 2-6 的结果表明，在较广泛的 pH 值区间内，蛇纹石与黄铁矿浮选回收率差别较大，仅用捕收剂戊黄药就能实现二者的浮选分离。

2.2.2　黄铁矿与蛇纹石异相凝聚对黄铁矿表面性质的影响

浮选试验表明仅用捕收剂戊黄药就能实现黄铁矿与蛇纹石的浮选分离。然而在实际浮选体系中，由于不同矿物表面性质和颗粒粒度的差异以及矿浆中存在的各种难免离子的影响，不同种类矿物之间会发生一种特殊的现象，即异相凝聚[61]。异相凝聚现象的发生使微细颗粒附着在粗颗粒表面，对矿物的浮选分离产生有害影响[62~64]，主要表现在：（1）矿泥罩盖显著改变粗颗粒矿物的表面性质；（2）微细粒有用矿物罩盖在粗颗粒脉石表面，难以回收；（3）罩盖在有用矿物表面的脉石矿泥进入精矿，降低精矿品位；（4）矿泥罩盖降低分选过程中浮选药剂在矿物表面的吸附能力；（5）矿泥罩盖阻碍气泡对有用矿物的附着。

2.2.2.1　黄铁矿与蛇纹石异相凝聚现象

　　表面性质研究表明，蛇纹石的零电点 pH 值为 11.8，而黄铁矿的零电点 pH 值为 3，在硫化铜镍矿浮选的常用 pH 值区间，黄铁矿与蛇纹石表面电性相反。根据 DLVO 理论，蛇纹石与黄铁矿颗粒之间存在静电吸引作用和范德华吸引作用，容易发生异相凝聚。图 2-7 所示为 pH 值对黄铁矿与蛇纹石凝聚分散行为的影响，由于黄铁矿颗粒粒度较大，沉降速度较快，10g/L 的黄铁矿矿浆浊度值只有 35，因此可以用蛇纹石单矿物的浊度值表征混合矿的理论浊度。如果混合矿的实际浊度低于蛇纹石单矿物的浊度，表明蛇纹石与黄铁矿发生了异相凝聚，导致蛇纹石颗粒附着在黄铁矿表面，使矿浆中颗粒数目减少。由图 2-7 结果可知，随 pH 值升高，蛇纹石单矿物浊度值逐渐降低，在 pH 值为 11 时达到最低值，这是由于零电点 pH 值附近蛇纹石颗粒之间的静电排斥作用力较小，容易发生凝聚。蛇纹石与黄铁矿人工混合矿的实际浊度值明显低于蛇纹石单矿物的浊度值，说明蛇纹石与黄铁矿发生了异相凝聚。矿浆 pH 值越高，蛇纹石与黄铁矿之间的异相凝聚现象越严重。

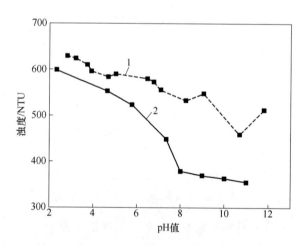

图 2-7　pH 值对黄铁矿与蛇纹石异相凝聚的影响

1—蛇纹石（1g/L）；2—蛇纹石（1g/L）+黄铁矿（10g/L）

　　由于蛇纹石颗粒粒度较小，而黄铁矿颗粒粒度较大，蛇纹石与黄铁矿之间异相凝聚的发生将导致细颗粒蛇纹石附着在粗颗粒黄铁矿表面。

2.2.2.2　蛇纹石附着对黄铁矿表面捕收剂吸附量的影响

　　蛇纹石附着在黄铁矿表面后，附着了蛇纹石的黄铁矿表面所表现出来的表观性质与蛇纹石相似，因此蛇纹石在黄铁矿表面的附着必然会改变黄铁矿的表面性质，影响蛇纹石与黄铁矿的浮选分离。黄铁矿表面性质的改变程度与其表面被蛇纹石覆盖的面积有关，黄铁矿表面被蛇纹石覆盖的面积越大，黄铁矿的表面性质与蛇纹石越接近。

黄药是硫化矿物浮选的常用捕收剂，戊黄药可以吸附在黄铁矿表面，增加黄铁矿的表面疏水性，却不会吸附在蛇纹石表面。因此，蛇纹石在黄铁矿表面的附着将会影响戊黄药在黄铁矿表面的吸附。图 2-8 所示为 pH 值为 9 时，蛇纹石对黄铁矿表面戊黄药吸附量的影响。由图可知，戊黄药浓度较低时，蛇纹石的加入对黄铁矿表面戊黄药吸附量影响不大，而戊黄药浓度较高时，蛇纹石在黄铁矿表面的附着阻碍了捕收剂戊黄药在黄铁矿表面的吸附。蛇纹石不能吸附戊黄药，当蛇纹石附着在黄铁矿表面后，被蛇纹石覆盖的黄铁矿表面将不能吸附戊黄药，黄铁矿表面能够吸附戊黄药的位点数目减少。当戊黄药浓度较低时，黄铁矿表面仍有足够的位点使戊黄药发生吸附，因此戊黄药吸附量没有发生变化；当戊黄药浓度较高时，附着了蛇纹石的黄铁矿表面能够吸附戊黄药的位点数目不足，导致戊黄药吸附量降低。

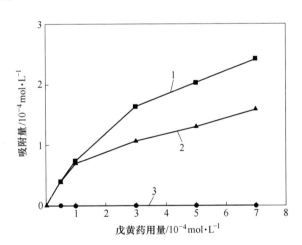

图 2-8　蛇纹石对黄铁矿表面戊黄药吸附量的影响

(黄铁矿 25g/L，蛇纹石 12.5g/L，pH 值为 9)

1—黄铁矿；2—黄铁矿+蛇纹石；3—蛇纹石

图 2-9 所示为蛇纹石加入量对黄铁矿表面戊黄药吸附量的影响。由图可知，蛇纹石的加入阻碍了戊黄药在黄铁矿表面的吸附，蛇纹石加入量越高，戊黄药吸附量越低。黄铁矿表面蛇纹石附着量试验结果表明，蛇纹石加入量越高，在黄铁矿表面附着量也越高，黄铁矿表面被蛇纹石所覆盖的面积越大，能够提供的戊黄药吸附位点越少，这是蛇纹石降低黄铁矿表面戊黄药吸附量的主要原因。

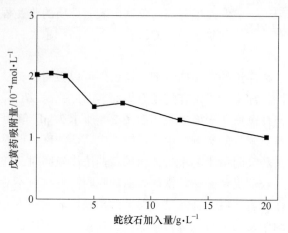

图 2-9 蛇纹石用量对黄铁矿表面戊黄药吸附量的影响

（黄铁矿 25g/L，戊黄药用量 5×10⁻⁴mol/L，pH 值为 9）

图 2-10 所示为不同 pH 值条件下蛇纹石对黄铁矿表面戊黄药吸附量的影响。由图中结果可知，蛇纹石不存在时，戊黄药在黄铁矿表面的吸附量受 pH 值影响较小，在酸性及中性 pH 值条件下，戊黄药在黄铁矿表面吸附量较高且不受 pH 值变化的影响，只有在强碱性 pH 值条件下，由于黄铁矿表面氧化所生成的氢氧化铁薄膜阻碍了捕收剂的吸附，戊黄药吸附量才有所降低。与蛇纹石和黄铁矿颗粒之间的凝聚分散结果相符，在酸性及中性 pH 值区间内蛇纹石的加入对黄铁矿表面戊黄药吸附量的影响较小，而在碱性 pH 值条件下，蛇纹石在黄铁矿表面的附着阻碍了捕收剂戊黄药在黄铁矿表面的吸附，随 pH 值升高，黄铁矿表面戊黄药吸附量逐渐降低。

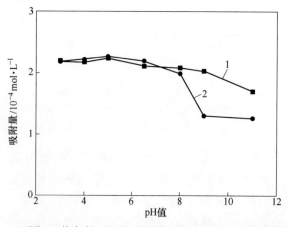

图 2-10 不同 pH 值条件下蛇纹石对黄铁矿表面戊黄药吸附量的影响

（黄铁矿 25g/L，蛇纹石 12.5g/L，戊黄药用量 5×10⁻⁴mol/L）

1—黄铁矿；2—黄铁矿+蛇纹石

2.2.3 蛇纹石对黄铁矿浮选的影响

蛇纹石在黄铁矿表面附着后，改变了黄铁矿的表面性质。蛇纹石与黄铁矿浮选行为存在较大差异，有无捕收剂存在时，蛇纹石均不会上浮进入精矿，而捕收剂作用下黄铁矿可浮性较好。因此，黄铁矿表面性质的变化将会引起黄铁矿浮选行为的改变，使黄铁矿与蛇纹石浮选分离困难。

2.2.3.1 蛇纹石对黄铁矿浮选行为的影响

图 2-11 所示为 pH 值为 9 时，蛇纹石用量对黄铁矿浮选回收率的影响。由图可知，在没有蛇纹石存在时，黄铁矿浮选回收率较高，达 82%。可浮性较差的蛇纹石的加入抑制了黄铁矿的浮选，随蛇纹石用量增加，黄铁矿浮选回收率迅速降低，当蛇纹石用量为黄铁矿用量的 10% 时，黄铁矿浮选回收率与蛇纹石相近，基本不再上浮。

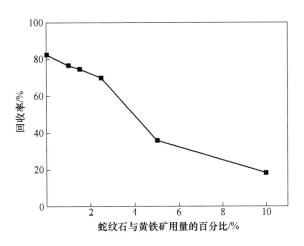

图 2-11　蛇纹石用量对黄铁矿浮选的影响

(戊黄药用量 $1×10^{-4}$ mol/L，MIBC 用量 $1×10^{-4}$ mol/L，黄铁矿 50g/L，pH 值为 9)

图 2-12 所示为不同 pH 值条件下蛇纹石对黄铁矿浮选的影响。由图可知，蛇纹石对黄铁矿浮选的影响受 pH 值影响较大。在酸性 pH 值条件下，蛇纹石不影响黄铁矿的浮选，随矿浆 pH 值升高，蛇纹石开始对黄铁矿产生抑制作用，黄铁矿浮选回收率逐渐降低，在强碱性 pH 值条件下蛇纹石完全抑制了黄铁矿的浮选。浮选试验结果与沉降试验结果一致，即蛇纹石抑制黄铁矿浮选的 pH 值区间与黄铁矿与蛇纹石发生异相凝聚的 pH 值区间相对应。因此，蛇纹石与黄铁矿发生异相凝聚，使蛇纹石附着在黄铁矿表面，改变了黄铁矿的表面性质是黄铁矿浮选回收率下降的主要原因。黄铁矿表面附着的蛇纹石矿泥数目越多，黄铁矿表面

性质变化越大，浮选回收率降低越多。

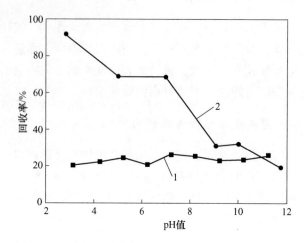

图 2-12　不同 pH 值条件下蛇纹石对黄铁矿浮选的影响

（黄药用量 $1×10^{-4}$ mol/L，MIBC 用量 $1×10^{-4}$ mol/L，蛇纹石 2.5g/L）

1—蛇纹石；2—黄铁矿+蛇纹石

2.2.3.2　蛇纹石对黄铁矿浮选的影响机制

蛇纹石的附着导致黄铁矿表面性质发生变化是黄铁矿浮选回收率降低的主要原因。了解黄铁矿表面疏水性的降低及捕收剂戊黄药吸附量的减少这两种表面性质的变化哪一种更为重要对消除蛇纹石对黄铁矿浮选的影响具有重要意义。首先考察了捕收剂吸附量的变化在蛇纹石影响黄铁矿浮选中的作用。吸附量试验表明，蛇纹石的附着降低了黄铁矿表面戊黄药的吸附量，而增大戊黄药用量能够增加戊黄药在黄铁矿表面的吸附量。图 2-13 所示为戊黄药用量对被蛇纹石抑制的黄铁矿浮选的影响。由图可知，在蛇纹石用量一定情况下，增加戊黄药用量，被蛇纹石抑制的黄铁矿浮选回收率升高，当戊黄药用量为 $7×10^{-4}$ mol/L 时，黄铁矿浮选回收率与戊黄药用量为 $1×10^{-4}$ mol/L 而不加蛇纹石时候的黄铁矿浮选回收率相同。说明蛇纹石存在时增大捕收剂戊黄药用量能够增加黄铁矿表面的戊黄药吸附量，提高黄铁矿表面疏水性，增加被蛇纹石抑制的黄铁矿的浮选回收率。

铜离子是常用的硫化矿物浮选活化剂，铜离子能够吸附在硫化矿物表面，增加硫化矿物表面捕收剂的吸附位点，从而增加捕收剂黄药在硫化矿物表面的吸附量，提高硫化矿物的浮选回收率[65]。图 2-14 所示为不同 pH 值条件下，铜离子对被蛇纹石抑制的黄铁矿浮选回收率的影响。由图中结果可知，在试验所研究的整个 pH 值范围内，加入铜离子均能够提高被蛇纹石抑制的黄铁矿的浮选回收率。说明蛇纹石存在时加入铜离子能增加戊黄药在黄铁矿表面的吸附量，提高被蛇纹石抑制的黄铁矿的浮选回收率。

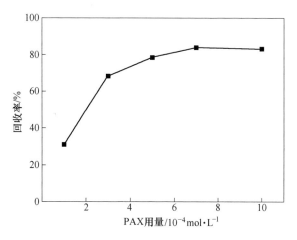

图 2-13 戊黄药用量对黄铁矿浮选的影响

(MIBC 用量 $1×10^{-4}$ mol/L，蛇纹石 2.5g/L，pH 值为 9)

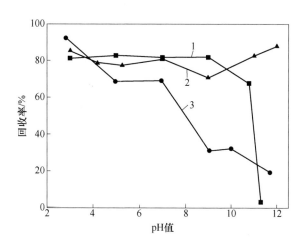

图 2-14 不同 pH 值条件下铜离子对黄铁矿浮选的影响

(铜离子用量 $1×10^{-4}$ mol/L，黄药用量 $1×10^{-4}$ mol/L，MIBC 用量 $1×10^{-4}$ mol/L，蛇纹石 2.5 g/L)

1—黄铁矿；2—黄铁矿+蛇纹石+铜离子；3—黄铁矿+蛇纹石

蛇纹石在黄铁矿表面的附着能够阻碍捕收剂戊黄药在黄铁矿表面的吸附，增加戊黄药在黄铁矿表面的吸附量可以提高被蛇纹石抑制的黄铁矿的浮选回收率。研究了先加捕收剂戊黄药情况下蛇纹石用量对黄铁矿浮选回收率的影响，结果如图2-15所示。由图可知，在相同的蛇纹石用量条件下，先加入捕收剂戊黄药时黄铁矿的浮选回收率要高于先加入蛇纹石时黄铁矿的浮选回收率，说明捕收剂在黄铁矿表面的预先吸附能够减弱蛇纹石对黄铁矿浮选回收率的影响。随着蛇纹石用量增加，先加戊黄药时黄铁矿浮选回收率仍然降低，表明戊黄药的预先吸附不能阻碍蛇纹石在黄铁矿表面的附着，蛇纹石用量较高时仍然会抑制黄铁矿的浮选。

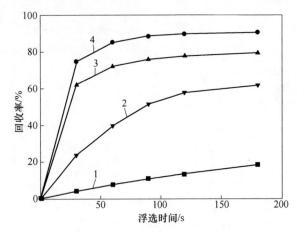

图 2-15　蛇纹石用量对黄铁矿浮选回收率的影响

（黄药用量 1×10^{-4} mol/L，MIBC 用量 1×10^{-4} mol/L，pH 值为 9）

1—黄铁矿+5g/L 蛇纹石+PAX；2—黄铁矿+PAX+10g/L 蛇纹石；

3—黄铁矿+PAX+5g/L 蛇纹石；4—黄铁矿+PAX+2.5g/L 蛇纹石；

　　根据以上结果，可以做出如下推断：黄药浮选硫化矿物时，并不需要在矿物表面形成单分子层的完全覆盖，当黄铁矿表面黄药吸附层达到一定面积时，黄铁矿表面就具有足够的疏水性，可以与气泡接触并上浮进入精矿。蛇纹石的附着降低了黄铁矿的表观疏水性，使黄铁矿浮选回收率降低，此时黄铁矿的表观疏水性是吸附了黄药的黄铁矿、未吸附黄药的黄铁矿和黄铁矿表面所覆盖的蛇纹石三种表面疏水性的综合。当戊黄药浓度增加或加入铜离子时，黄铁矿表面戊黄药吸附量增加，吸附层覆盖面积增大，黄铁矿表观疏水性也增大，浮选回收率升高。但戊黄药的吸附不能阻碍蛇纹石的附着，相反，蛇纹石的附着能够遮盖戊黄药的作用效果，随蛇纹石用量增加，黄铁矿表面被蛇纹石覆盖的面积增加，黄铁矿表观疏水性下降，浮选回收率降低。

　　蛇纹石与黄铁矿表面电性相反，二者之间存在较强的静电吸引作用，容易发生异相凝聚。微细粒的蛇纹石通过异相凝聚作用附着在粗颗粒黄铁矿表面，降低了黄铁矿的表观疏水性和捕收剂戊黄药在黄铁矿表面的吸附量，使黄铁矿浮选回收率降低。通过增加戊黄药浓度、在蛇纹石加入前加入戊黄药或者加入铜离子等方法均可以提高捕收剂戊黄药在黄铁矿表面的吸附量，从而提高被蛇纹石抑制的黄铁矿的浮选回收率。但捕收剂戊黄药的吸附并不能阻碍蛇纹石颗粒在黄铁矿表面的附着，随着蛇纹石用量增加，黄铁矿表面被蛇纹石附着的面积增加，黄铁矿表观疏水性下降，浮选回收率降低。因此，蛇纹石在黄铁矿表面的附着，导致黄铁矿表观疏水性下降，不易与气泡接触，是蛇纹石影响黄铁矿浮选的主要原因。

2.2.4 蛇纹石影响黄铁矿浮选时的粒度因素

在硫化铜镍矿浮选过程中，蛇纹石脉石容易泥化，形成微细粒蛇纹石矿泥附着在硫化矿物表面，改变了硫化矿物表面性质，影响了硫化矿物的浮选。但并不是所有的蛇纹石颗粒均以微细粒级存在，不同粒级的蛇纹石对黄铁矿浮选的影响是否不同是本节讨论的内容。

2.2.4.1 矿物粒度对蛇纹石与黄铁矿浮选分离的影响

图 2-16 所示为不同粒级的蛇纹石的用量对 $-150\mu m+37\mu m$ 粒级黄铁矿颗粒浮选的影响。由图可知，矿物的粒度在蛇纹石与黄铁矿浮选分离中起着重要作用，$-10\mu m$ 粒级和 $-74\mu m+37\mu m$ 粒级的蛇纹石均会影响 $-150\mu m+37\mu m$ 粒级黄铁矿的浮选，降低其浮选回收率，且 $-10\mu m$ 粒级的蛇纹石对黄铁矿的抑制作用强于 $-74\mu m+37\mu m$ 粒级的蛇纹石。而 $-150\mu m+74\mu m$ 粒级的蛇纹石不会影响黄铁矿的浮选，随蛇纹石用量增加，黄铁矿浮选回收率变化不大。

图 2-17 所示为不同粒级的蛇纹石用量对 $-37\mu m$ 粒级黄铁矿浮选的影响。由图可知，$-10\mu m$ 粒级的蛇纹石会影响 $-37\mu m$ 粒级黄铁矿的浮选，随蛇纹石用量增加，黄铁矿浮选回收率降低。而 $-150\mu m+74\mu m$ 粒级及 $-74\mu m+37\mu m$ 粒级的蛇纹石不会影响黄铁矿的浮选，随蛇纹石用量增加，黄铁矿浮选回收率变化不大。

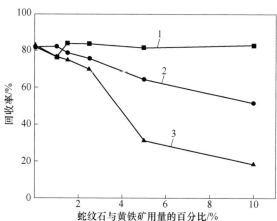

图 2-16 蛇纹石对粗颗粒黄铁矿浮选的影响

（pH 值为 9，黄药用量 1×10^{-4} mol/L，MIBC 用量 1×10^{-4} mol/L）

1—加入 $-150\mu m+74\mu m$ 粒级蛇纹石和 $-150\mu m+37\mu m$ 粒级黄铁矿；2—加入 $-74\mu m+37\mu m$ 粒级蛇纹石和 $-150\mu m+37\mu m$ 粒级黄铁矿；3—加入 $-10\mu m$ 粒级蛇纹石和 $-150\mu m+37\mu m$ 粒级黄铁矿

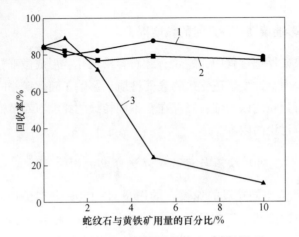

图 2-17 蛇纹石对细颗粒黄铁矿浮选的影响

（pH 值为 9，黄药用量 $1×10^{-4}$ mol/L，MIBC 用量 $1×10^{-4}$ mol/L）

1—加入 $-74\mu m+37\mu m$ 粒级蛇纹石和 $-37\mu m$ 粒级黄铁矿；2—加入 $-150\mu m+74\mu m$ 粒级蛇纹石和 $-37\mu m$ 粒级黄铁矿；

3—加入 $-10\mu m$ 粒级蛇纹和 $-37\mu m$ 粒级黄铁矿

图 2-18 所示为不同 pH 值条件下不同粒级的蛇纹石对 $-150\mu m+37\mu m$ 粒级黄铁矿浮选回收率的影响，图 2-19 所示为不同 pH 值条件下不同粒级的蛇纹石对 $-37\mu m$ 粒级黄铁矿浮选回收率的影响。由两幅图可知，当蛇纹石颗粒粒度小于黄铁矿时，蛇纹石会影响黄铁矿的浮选，pH 值越高，蛇纹石的影响越显著。当蛇纹石颗粒粒度大于黄铁矿颗粒时，在试验所研究的整个 pH 值区间内，蛇纹石均不会影响黄铁矿的浮选（强碱性 pH 值条件下，黄铁矿表面氧化生成亲水的氢氧化铁薄膜使回收率降低）。

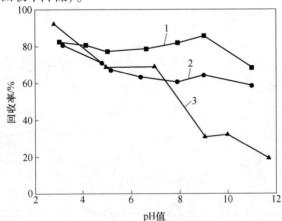

图 2-18 蛇纹石对粗颗粒黄铁矿浮选的影响

（蛇纹石 2.5 g/L，黄药用量 $1×10^{-4}$ mol/L，MIBC 用量 $1×10^{-4}$ mol/L）

1—加入 $-150\mu m+74\mu m$ 粒级蛇纹石和 $-150\mu m+37\mu m$ 粒级黄铁矿；2—加入 $-74\mu m+37\mu m$ 粒级蛇纹石和 $-150\mu m+37\mu m$ 粒级黄铁矿；3—加入 $-10\mu m$ 粒级蛇纹石和 $-150\mu m+37\mu m$ 粒级黄铁矿

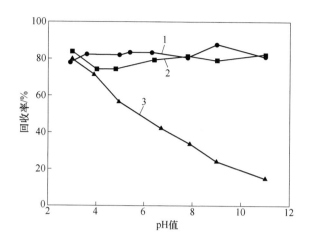

图 2-19 蛇纹石对细颗粒黄铁矿浮选的影响

（蛇纹石 2.5g/L，黄药用量 $1×10^{-4}$mol/L，MIBC 用量 $1×10^{-4}$mol/L）

1—加入$-74\mu m+37\mu m$ 粒级蛇纹石和$-37\mu m$ 粒级黄铁矿；2—加入$-150\mu m+74\mu m$ 粒级蛇纹石和$-37\mu m$ 粒级黄铁矿；
3—加入$-10\mu m$ 粒级蛇纹石和$-37\mu m$ 粒级黄铁矿

结合图 2-16~图 2-19 的结果可知，当蛇纹石颗粒的粒度大于黄铁矿颗粒时，蛇纹石不会影响黄铁矿的浮选。只有当蛇纹石颗粒的粒度小于黄铁矿时，蛇纹石才会附着在黄铁矿表面，改变黄铁矿的表面性质，影响黄铁矿的浮选。因此，消除蛇纹石对黄铁矿浮选影响的关键在于调控微细粒级蛇纹石颗粒与黄铁矿之间的相互作用关系。

2.2.4.2 矿物粒度对黄铁矿表面戊黄药吸附量的影响

图 2-20 所示为不同粒级蛇纹石对戊黄药在$-150\mu m+37\mu m$ 粒级黄铁矿表面吸附量的影响。图中结果表明，当戊黄药用量较低时，三种粒级的蛇纹石均不会影响戊黄药在黄铁矿表面的吸附。当戊黄药用量高于 $1×10^{-4}$mol/L 时，蛇纹石的加入降低了戊黄药在黄铁矿表面的吸附量，$-150\mu m+74\mu m$ 粒级的蛇纹石对黄铁矿表面戊黄药的吸附量影响较小，而$-10\mu m$ 粒级的蛇纹石显著降低了戊黄药在黄铁矿表面的吸附量，$-74\mu m+37\mu m$ 粒级的蛇纹石对戊黄药吸附量的影响介于$-150\mu m+74\mu m$ 粒级和$-10\mu m$ 粒级的蛇纹石之间。

图 2-21 所示为不同粒级蛇纹石对戊黄药在$-37\mu m$ 粒级黄铁矿表面吸附量的影响。图中结果表明，与相同重量的$-150\mu m+37\mu m$ 粒级黄铁矿相比，戊黄药在$-37\mu m$粒级黄铁矿表面的吸附量要高，这是由于细颗粒黄铁矿的比表面积要大于粗颗粒黄铁矿的比表面积，能够提供较多的吸附位点。三种粒级的蛇纹石中，只有$-10\mu m$粒级的蛇纹石降低了戊黄药在$-37\mu m$粒级黄铁矿表面的吸附量，且这种作

用效果在黄药用量高于 1×10^{-4} mol/L 时才表现出来。$-74\mu m+37\mu m$ 粒级和 $-150\mu m+74\mu m$ 粒级的蛇纹石均不会影响戊黄药在 $-37\mu m$ 粒级黄铁矿表面的吸附。

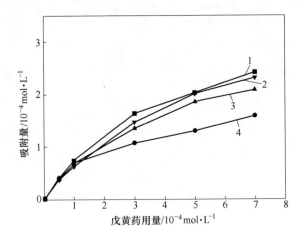

图 2-20 不同粒级蛇纹石对黄药在粗颗粒黄铁矿表面吸附的影响

（黄铁矿 25g/L，蛇纹石 12.5g/L）

1— $-150\mu m+37\mu m$ 粒级黄铁矿，不加蛇纹石；2—加入 $-150\mu m+74\mu m$ 粒级蛇纹石；

3—加入 $-74\mu m+37\mu m$ 粒级蛇纹石；4—加入 $-10\mu m$ 粒级蛇纹石

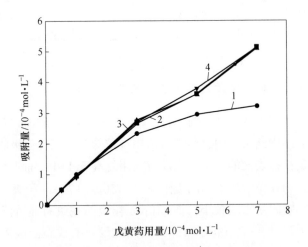

图 2-21 不同粒级蛇纹石对黄药在细颗粒黄铁矿表面吸附的影响

（黄铁矿 25g/L，蛇纹石 12.5g/L）

1—加入 $-10\mu m$ 粒级蛇纹石；2—$-37\mu m$ 粒级黄铁矿，不加蛇纹石；

3—加入 $-74\mu m+37\mu m$ 粒级蛇纹石；4—加入 $-150\mu m+74\mu m$ 粒级蛇纹石

图 2-20 和图 2-21 所示的吸附量试验结果与浮选试验结果一致，即只有当蛇纹石颗粒的粒度小于黄铁矿时才会附着在黄铁矿表面，影响戊黄药在黄铁矿表面的吸

附, 而粗颗粒的蛇纹石不会影响戊黄药在黄铁矿表面的吸附。因此, 对于硫化铜镍矿浮选体系中存在的粗颗粒蛇纹石和细颗粒蛇纹石要区别对待, 将细颗粒蛇纹石作为主要的调控对象。这一认识对提高选矿指标、节约浮选药剂具有重要意义。

2.2.4.3 不同粒度矿物颗粒之间的相互作用能

矿物颗粒之间的相互作用可以根据 DLVO 理论计算得出[66~68]。考虑静电相互作用、范德华相互作用的经典 DLVO 理论模型为[69]:

$$V_T = V_W + V_E \tag{2-1}$$

式中, V_W 为范德华作用能; V_E 为静电作用能。

$$V_A = -\frac{A}{6H}\left(\frac{R_1 R_2}{R_1 + R_2}\right) \tag{2-2}$$

$$V_E = \frac{\pi \varepsilon_0 \varepsilon_r R_1 R_2}{R_1 + R_2}(\psi_1^2 + \psi_2^2) \cdot$$

$$\left\{\frac{2\psi_1 \psi_2}{\psi_1^2 + \psi_2^2} \cdot \ln\left[\frac{1 + \exp(-\kappa H)}{1 - \exp(-\kappa H)}\right] + \ln[1 - \exp(-2\kappa H)]\right\} \tag{2-3}$$

将相关数据带入式 (2-1), 可以计算得到不同粒级蛇纹石与黄铁矿颗粒之间的相互作用能, 结果如图 2-22 所示。图中结果表明, 当 pH 值为 9 时, 各种粒级的蛇纹石与黄铁矿颗粒之间的总相互作用能均为负值, 表明不同粒级的黄铁矿与蛇纹石颗粒之间均存在相互吸引作用, 能够发生异相凝聚。然而在矿粒悬浮

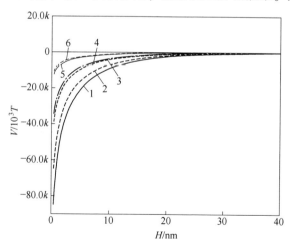

图 2-22 不同粒级蛇纹石与黄铁矿之间的相互作用能

1——$-150\mu m + 37\mu m$ 黄铁矿, $-150\mu m + 74\mu m$ 蛇纹石; 2——$-150\mu m + 37\mu m$ 黄铁矿, $-74\mu m + 37\mu m$ 蛇纹石;

3——$-150\mu m + 37\mu m$ 黄铁矿, $-10\mu m$ 蛇纹石; 4——$-37\mu m$ 黄铁矿, $-150\mu m + 74\mu m$ 蛇纹石;

5——$-37\mu m$ 黄铁矿, $-74\mu m + 37\mu m$ 蛇纹石; 6——$-37\mu m$ 黄铁矿, $-10\mu m$ 蛇纹石

液中，由于流体动力学作用或者液体分子的扩散运动的影响，矿粒将会产生运动并具有一定大小的动能。因此在讨论颗粒间相互作用对颗粒聚集分散行为的影响时，需要了解颗粒具有的各种能量与粒度大小的关系[70,71]。对于细粒级矿物颗粒，范德华作用能与静电作用能占主导地位，而颗粒运动动能较小，不起重要作用。随着颗粒粒度的增大，沉降动能及搅拌动能增长幅度极快并压倒范德华作用能与静电作用能而占据主导地位。虽然粗颗粒蛇纹石与黄铁矿颗粒之间存在相互吸引作用能，但由于粗颗粒蛇纹石的动能较大，难以附着在黄铁矿表面影响黄铁矿的浮选。因此，细颗粒蛇纹石是影响硫化铜镍矿浮选的主要原因，也是需要调控的主要对象。

2.3　外力场作用下硫化矿物与蛇纹石矿泥分离行为

在硫化铜镍矿浮选常用的弱碱性区间，蛇纹石表面荷正电，硫化矿物表面荷负电，二者之间存在较强的静电吸引作用。蛇纹石矿泥通过异相凝聚作用附着在有用硫化矿物表面，改变了硫化矿物的表面性质，抑制了硫化矿物的浮选。因此，使微细粒蛇纹石从硫化矿物表面脱附，扩大硫化矿物与蛇纹石之间的表面性质差异，是消除蛇纹石对硫化矿物浮选的影响，实现硫化矿物与蛇纹石浮选分离的关键因素，也是提高含蛇纹石的硫化铜镍矿浮选指标的重要途径。

当矿物颗粒位于流动的矿浆中时，会受到矿浆运动所产生的流体力的作用，粗颗粒和粗颗粒表面附着的微细颗粒由于颗粒重量以及受到的流体作用力大小不同而产生速度不同的运动，并由于颗粒之间存在的这种速度梯度而产生受力差异。当大小颗粒所受流体作用力的差值超过颗粒之间的相互吸引力时，细颗粒就会从粗颗粒表面脱落并随矿浆流动，从而实现粗颗粒表面附着矿泥的脱附。

2.3.1　流体力场对固体表面附着颗粒的脱附机理

与固体不同，流体分子之间的吸引力较小，分子排列松散，本身不能保持一定的形状[72]。当流体受到拉力或者切力作用时，就会发生连续不断的流动。因此，流体是由大量不断运动着的分子组成的。从微观角度看，流体分子之间总是存在间隙，因此流体的质量在空间是不连续分布的。同时，由于分子的随机运动，又导致任一空间点上的流体物理量对于时间的不连续性。因此，研究流体的微观运动极其困难，需要使用连续介质模型来研究流体的运动。连续介质模型将流体看成是由无限多流体质点所组成的稠密而无间隙的连续介质，此时不必去研究大量复杂的分子运动，只需要研究大量分子所表现出的宏观运动和作用的平均效果[73]。

当流速很小时，流体分层流动，互不混合，称为层流或称为稳流或片流；当流速逐渐增加，流体的流线开始出现波浪状的摆动，摆动的频率及振幅随流速的增加而增加，这种流况称为过渡流；当流速增加到很大值时，流线不再清楚可辨，流场中存在许多小漩涡，层流被破坏，相邻流层间不但有滑动，还有混合，这时的流体做不规则运动，有垂直于流管轴线方向的分速度产生，这种流体运动称为湍流[74]。

流体对于固体颗粒表面附着的微细颗粒的脱附作用和湍流的性质紧密相关。因此，需要了解湍流的结构特点。从物理结构上说，湍流可以看成由不同尺度的涡旋叠合而成的流动，这些涡旋的大小及旋转轴的方向是随机分布的。大尺度的涡旋主要由流体的边界条件决定，其尺寸可以与流场的大小相比，是引起低频脉动的主要原因；小尺度的涡旋主要由黏性力决定，其尺寸一般只有流场尺度的千分之一量级，是引起高频脉动的主要原因。大尺度的涡旋破裂后会形成小尺度的涡旋，较小尺度的涡旋破裂后形成更小尺度的涡旋。因而在充分发展的湍流区域内，涡旋的尺度可在相当宽的范围内连续地变化。大尺度的涡旋不断地从主流获得能量，通过涡旋间的相互作用，能量逐渐向小的涡旋传递，最后由于流体黏性的作用，小尺度的涡旋不断消失，机械能就转化为流体的热能。同时，由于边界作用、扰动及速度梯度的作用，新的涡旋又不断产生，这就构成了流体的湍流运动[75~77]。

由于涡旋的存在，流体将产生不同的运动方式。在靠近表面的湍流层中，流体的运动主要包括低速流体离开表面的喷出运动和高速流体朝向表面的涌入运动，且后者伴随有平行于表面的高速流动[78]。这些流体运动方式能够影响近表面的流体层，从而使流体产生剪切应力并作用于位于流体中的固体颗粒（见图 2-23）。

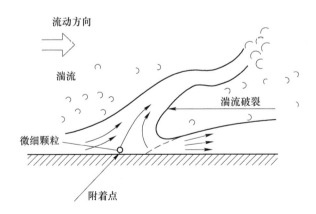

图 2-23　湍流对固体表面附着微细颗粒的脱附作用

由于流体存在不同的运动方式，附着在固体表面的微细颗粒会受到不同方向的流体力的作用。作用于固体表面微细颗粒的黏性流体是不对称的，在颗粒的下方流体是相对静止的，而颗粒的上方会受到相对较强的吸引压强，这就使颗粒受到垂直于表面的上升力作用[79]。而流体的黏性流动也会对颗粒产生一个平行于表面的拉力作用[80]。

　　颗粒的脱附是不同方向流体力共同作用的结果。在流体力作用下，颗粒将离开附着的初始点并最终脱离固体表面。颗粒的初始运动方式对颗粒的脱附行为有着重要影响，流体力为了使颗粒离开初始附着点而作用的距离很短，在多数情况下，不太可能观测到这种移动，但是可以通过颗粒的最终脱附方向判断颗粒的这种初始运动方式。由于颗粒会受到流体运动产生的拉力和上升力作用，因此颗粒的初始运动方式包括滑动、滚动和上升运动，不管初始运动方式是什么，抵抗脱附运动的力总是垂直于表面的吸引力[81]。不同初始运动方式条件下抵抗脱附运动的吸引力的大小与颗粒粒度的关系见表 2-1[82]，由表可知，当颗粒的初始运动方式为滚动时，微细颗粒和固体表面的吸引力最小，而通常认为流体作用力中平行于表面方向的力要大于垂直于表面的力，因此，平行于表面的力在颗粒脱附过程中起着主导作用，颗粒将在平行于表面的流体力作用下以滚动方式离开固体表面的初始附着点。颗粒的脱附过程可以总结如下：在平行于表面的流体力作用下，固体表面附着的颗粒发生滚动，脱离初始附着点，此时黏附力矩强度减弱，在上升力的辅助作用下，颗粒就可以从表面脱附[83]。

表 2-1　吸引力和颗粒粒度的指数关系

初始运动方式	吸引力和颗粒粒度的指数关系
滑动	-1
滚动	-3/2
上升	-4/3

　　流体力的作用是固体表面附着的微细颗粒脱附的主要原因，但对于流体力脱附微细颗粒的方式却有着不同认识，主要有力平衡理论和能量累计理论[84, 85]。力平衡理论认为当流体作用力的大小超过微细颗粒和固体表面之间的吸引力时，微细颗粒就会从固体表面脱附。该理论认为稳定的流体力能够抵消颗粒和固体表面之间的吸引力，当流体速度足够高时，流体力的大小就会超过颗粒和固体表面之间的吸引力，从而引起颗粒的脱附。能量累计模型认为流体作用力不需要超过微细颗粒和固体表面之间的吸引力，而是湍流所具有的能量通过流体力的作用传递给微细颗粒，当微细颗粒累积了足够大的能够克服能阈的能量后，就会从固体表面脱附。该理论认为颗粒将在流体力作用特定时间长度后从表面脱附，不管流体力多大，颗粒脱附总是需要特定的时间；不管流体力多小，只要作用足够长的时间，固体表面附着的微细颗粒就能积累足够高的能量并最终脱附。

2.3.2 流体力场在含蛇纹石硫化铜镍矿浮选中的作用机制

2.3.2.1 粗颗粒矿物表面附着矿泥的粒度分布及矿物组成

在简单的二元矿物体系中，蛇纹石能够附着在黄铁矿表面，抑制黄铁矿的浮选，且只有粒度小于黄铁矿的蛇纹石颗粒才会附着在黄铁矿表面产生抑制作用。在复杂的硫化铜镍矿实际矿石浮选体系中，粗颗粒矿物表面是否罩盖有矿泥，矿泥的矿物组成是什么，粒度分布是多少，了解这些对提高含蛇纹石的硫化铜镍矿的选矿技术指标具有重要意义。利用筛分方法考察了某含蛇纹石的硫化铜镍矿粗颗粒矿物表面附着的矿泥的矿物组成和粒度分布。将硫化铜镍矿矿浆用 74μm 筛子进行筛分以脱除-74μm 粒级颗粒，取+74μm 粒级粗颗粒加入分散剂后再次筛分。如果不存在矿泥罩盖现象，粒度小于 74μm 的颗粒在第一次筛分时就进入筛下产品；如果发生矿泥罩盖，会有部分小于 74μm 的细颗粒附着在粗颗粒表面进入+74μm 粒级粗颗粒。加入分散剂后，附着在粗颗粒表面的小于 74μm 的矿泥会从粗颗粒表面脱附，在第二次筛分时进入筛下产品。将第二次筛分的-74μm 粒级颗粒过滤烘干后，进行粒度检测和 X 射线衍射分析，结果如图 2-24 及图 2-25 所示。

由图 2-24 可知，附着在+74μm 粒级粗颗粒表面的矿泥的粒度分布较宽，但主要集中在 10μm 以下，可知各个粒级的矿泥均能够在比其粒度粗的矿物颗粒表面形成矿泥罩盖，但矿泥主要为微细粒级矿物。

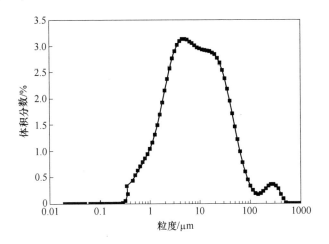

图 2-24　某硫化铜镍矿+74μm 粒级颗粒表面附着矿泥粒度分布

图 2-25 结果表明，附着在粗颗粒矿物表面的矿泥的组分较复杂，但主要为

脉石矿物，包括蛇纹石、滑石、绿泥石、磁铁矿和云母，矿泥中没有检测到硫化矿物。因此，附着在粗颗粒硫化矿物表面的矿泥主要为荷正电的蛇纹石。矿泥中存在的滑石、绿泥石、磁铁矿、云母等荷负电的矿物为附着在粗颗粒蛇纹石表面的矿泥。

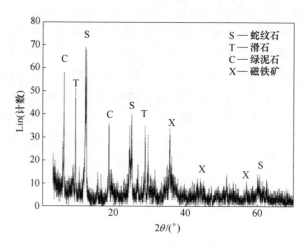

图 2-25 某硫化铜镍矿+74μm 粒级颗粒表面附着矿泥 XRD 分析

按照相同的试验方法研究了−74μm+37μm 粒级颗粒表面罩盖的矿泥的粒度分布及矿物组成，结果如图 2-26 及图 2-27 所示。图 2-26 结果表明，−74μm+37μm 粒级颗粒表面罩盖的矿泥也以细颗粒为主。图 2-27 结果表明，−74μm+37μm 粒级颗粒表面罩盖的矿泥也是脉石矿物，主要为蛇纹石，还有少量的滑石和绿泥石。

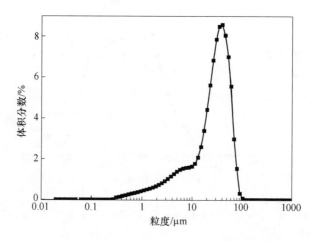

图 2-26 某硫化铜镍矿−74μm+37μm 粒级颗粒表面附着矿泥粒度分布

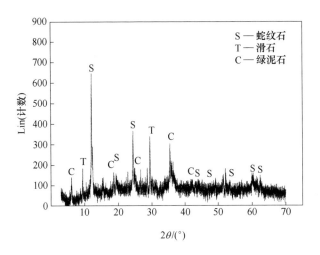

图 2-27 某硫化铜镍矿−74μm+37μm 粒级颗粒表面附着矿泥 XRD 分析

2.3.2.2 流体力场对粗颗粒表面附着矿泥的脱附作用

有用硫化矿物表面附着有大量蛇纹石矿泥，这是影响含蛇纹石的硫化铜镍矿浮选的主要原因。使蛇纹石矿泥从硫化矿物表面脱附是提高含蛇纹石的硫化铜镍矿镍矿物浮选回收率的关键因素。上节研究表明，在简单的纯矿物浮选体系中，高强度调浆产生的流体力场作用可以脱附黄铁矿表面附着的微细颗粒蛇纹石，提高被蛇纹石抑制的黄铁矿的浮选回收率。由于硫化铜镍矿矿石体系中矿物种类多，难免离子溶出量大，矿物间相互作用关系复杂，可能会对流体力场的作用效果产生不利影响，因此研究了调浆条件的变化对某含蛇纹石的硫化铜镍矿矿石体系中粗颗粒矿物表面附着的细颗粒矿泥数目的影响，以考察流体力场作用在实际矿石体系中对粗颗粒矿物表面罩盖矿泥的脱附作用。

将某硫化铜镍矿矿浆经不同调浆强度及调浆时间处理后，用 74μm 筛子筛分，取相同重量的+74μm 粒级的粗颗粒加入分散剂后测量矿浆浊度，结果如图 2-28 及图 2-29 所示。由于+74μm 粒级颗粒粒度较粗，沉降速度快，浊度值较低，因此试验浊度值表征的是粗颗粒矿物表面附着的细颗粒矿泥的数目。矿浆浊度值越高，说明粗颗粒表面附着的矿泥数目越多。由图可知，高强度调浆能够显著降低矿浆的浊度值，调浆时间越长，调浆强度越高，浊度值越低，说明粗颗粒表面附着的细颗粒矿泥数目越少。图中结果表明，高强度调浆产生的流体力场作用能够脱附粗颗粒矿物表面罩盖的脉石矿泥，调浆时间越长、调浆速度越快，从粗颗粒表面脱附的矿泥数目越多。

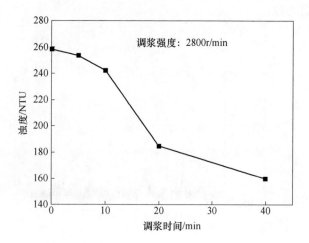

图 2-28 调浆时间对某硫化铜镍矿+74μm 粒级矿物表面附着矿泥浊度的影响

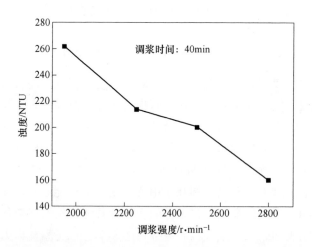

图 2-29 调浆强度对某硫化铜镍矿+74μm 粒级矿物表面附着矿泥浊度的影响

为了研究高强度调浆对粗颗粒矿物表面附着的不同粒级的矿泥脱附行为的影响，对经过不同调浆条件处理的 +74μm 粒级粗颗粒进行了粒度分析。图 2-30 (a)所示为某硫化铜镍矿+74μm 粒级矿石的粒度分布，由于异相凝聚的发生，会有部分−74μm 的矿泥存在于+74μm 粒级矿石中。将−74μm 粒级部分的曲线放大后−74μm矿泥粒度分布如图 2-30 (b) 所示。由图 2-30 可知，不加分散剂时，+74μm粒级的矿石中未检测到颗粒粒度小于 74μm 的矿物；加入分散剂后，+74μm粒级的矿石中出现了粒度小于 74μm 的矿物。这是由于异相凝聚现象的存在使部分小于 74μm 的细颗粒矿泥附着在粗颗粒矿物表面，在筛分过程中未能进入筛下，仍然停留在+74μm 粒级的颗粒中，但不加分散剂时细颗粒附着在粗颗粒表面无法被激光粒度仪检测到。加入分散剂后，细颗粒从+74μm 粒级粗颗粒表面脱附而被激光粒度仪检测到。由图 2-30 还可以看出，附着在+74μm 粒级粗颗粒表面的矿泥中，绝大多数矿泥的粒度小于 20μm。

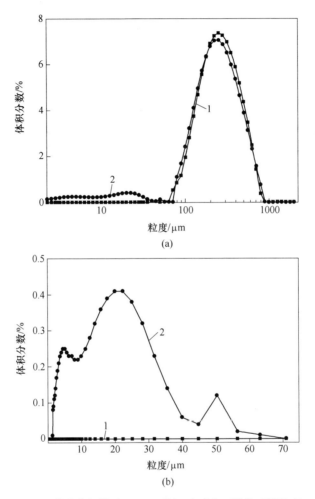

图 2-30 某硫化铜镍矿+74μm 粒级矿石表面附着矿泥粒度
分布（a）和-74μm 矿泥粒度分布（b）
1—未调浆；2—未调浆+分散剂

图 2-31 所示为调浆强度对某硫化铜镍矿+74μm 粒级矿石表面附着矿泥粒度分布的影响。由图可知，高强度调浆能够减少粗颗粒矿物表面附着的细颗粒矿泥的数目，调浆速度越快，粗颗粒矿物表面附着的细颗粒矿泥数目越少。与 1950r/min 的调浆速度相比，调浆速度为 2250r/min 时，经过 40min 的调浆处理，粗颗粒矿物表面附着的矿泥粒度分布发生明显变化，-40μm+10μm 粒级范围的细颗粒数目减少，而粒度大于 40μm 的细颗粒消失。当调浆强度增加到

2500r/min后，-40μm+10μm粒级范围的颗粒数目继续减少，而-10μm粒级范围的颗粒数目也开始减少。当调浆速度继续增加到2800r/min时，-40μm+10μm粒级范围的细颗粒数目继续减少，而-10μm粒级范围的颗粒数目不再变化。由图中结果可以得出如下结论：调浆速度越快，细颗粒矿泥越容易从粗颗粒表面脱附；而矿泥的粒度越细，从粗颗粒表面脱附所需要的搅拌强度越高，即高强度调浆容易脱附颗粒粒度相对较粗的蛇纹石矿泥，但较难脱附粒度极细的蛇纹石矿泥。

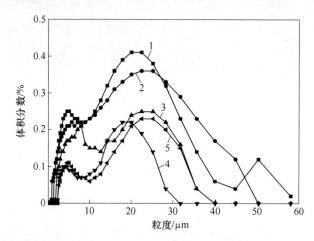

图 2-31   调浆强度对某硫化铜镍矿+74μm粒级矿石表面附着矿泥粒度分布的影响
1—未调浆；2—调浆强度1950r/min；3—调浆强度2250r/min；
4—调浆强度2500r/min；5—调浆强度2800r/min

图 2-32 所示为调浆时间对某硫化铜镍矿+74μm粒级矿石表面附着矿泥粒度分布的影响。由图可知，当调浆速度为2800r/min时，5min的调浆处理就使+74μm粒级粗颗粒表面罩盖的各个粒级细颗粒数目明显减少，特别是粒度大于40μm的细颗粒完全消失。调浆时间再增加，-10μm粒级的颗粒数目变化不大，而-40μm+10μm粒级细颗粒数目继续减少，调浆时间越长，-40μm+10μm粒级细颗粒数目减少越多。这一结果表明，对于附着强度较低、脱附临界力较易达到的矿泥，调浆时间越长，输入的能量越高，颗粒脱附的机会越大。但对于粒度极细的矿泥，由于其附着强度较高，脱附临界力也较高，只有流体力场作用引起的脱附力接近或超过临界力时，颗粒才可能脱附。低于临界值的外场力作用时间再长，也无法使颗粒脱附。这一结果与脱附理论中的力平衡理论相符。

图 2-33 所示为调浆强度对某硫化铜镍矿-74μm+37μm粒级矿石表面附着矿泥粒度分布的影响。由图可知，-74μm+37μm粒级矿石表面附着矿泥的粒度小于20μm，高强度调浆能够减少附着的细颗粒矿泥的数目，固定调浆时间为40min时，随调浆速度增加，-20μm+10μm粒级的矿泥数目显著减少，而-10μm

粒级的矿泥数目变化不大,特别是-3μm 粒级的矿泥数目基本没有变化。

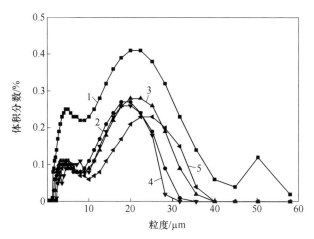

图 2-32 调浆时间对某硫化铜镍矿+74μm 粒级矿石表面附着矿泥粒度分布的影响
1—未调浆;2—调浆时间 5min;3—调浆时间 10min;
4—调浆时间 20min;5—调浆时间 40min

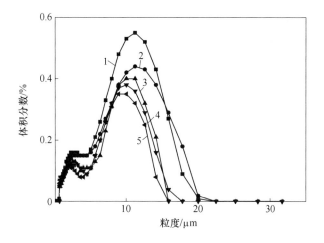

图 2-33 调浆强度对某硫化铜镍矿-74μm+37μm 粒级矿石表面附着矿泥粒度分布的影响
(调浆时间 40min)
1—未调浆;2—调浆强度 1950r/min;3—调浆强度 2250r/min;
4—调浆强度 2500r/min;5—调浆强度 2800r/min

图 2-34 所示为调浆时间对某硫化铜镍矿-74μm+37μm 粒级矿石表面附着矿泥粒度分布的影响。固定调浆强度为 2800r/min 时,经过 5min 的调浆处理,-74μm+37μm 粒级矿石表面附着矿泥的粒度分布变化不大,说明-74μm+37μm 粒级矿石表面附着的矿泥比+74μm 粒级矿石表面附着的矿泥更难脱附。调浆时间继续增加,-20μm+10μm 粒级的矿泥数目显著减少,而-10μm 粒级的矿泥数目变化不大。

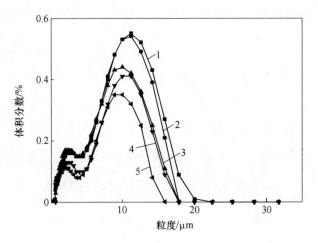

图 2-34   调浆时间对某硫化铜镍矿 $-74\mu m+37\mu m$ 粒级矿石表面附着矿泥粒度分布的影响
（调浆强度 2800r/min）

1—未调浆；2—调浆时间 5min；3—调浆时间 10min；

4—调浆时间 20min；5—调浆时间 40min

蛇纹石矿泥通过静电作用和范德华作用吸附在硫化矿物表面，不同蛇纹石颗粒在硫化矿物表面的附着强度不同。当高强度调浆所产生的流体运动强度达到一定程度后，附着强度较弱的蛇纹石颗粒将从硫化矿物表面脱附，使硫化矿物暴露出足够多的疏水表面从而上浮进入精矿，此时硫化矿物表面虽然仍附着有部分蛇纹石矿泥，但不足以影响硫化矿物的浮选回收率。这部分蛇纹石颗粒附着强度较高，靠高强度调浆方法难以脱附，将随硫化矿物一起上浮进入精矿。

2.3.2.3   流体力场对含蛇纹石的硫化铜镍矿浮选行为的影响

蛇纹石矿泥在硫化矿物表面的附着是硫化矿物与蛇纹石浮选分离困难的主要原因。高强度调浆产生的流体力场作用脱附了硫化矿物表面罩盖的蛇纹石矿泥，调浆强度越强，时间越长，脱附的矿泥数目越多，硫化矿物表面暴露的新鲜表面也越多。因此，调浆条件的变化将对含蛇纹石的硫化铜镍矿的浮选指标产生影响。

图 2-35 所示为固定调浆速度为 2800r/min 时，调浆时间的变化对某硫化铜镍矿镍矿物浮选回收率的影响。由图中结果可知，随调浆时间增加，镍矿物浮选回收率增加，调浆时间越长，镍矿物浮选回收率越高，当调浆时间从 3min 增加到 40min 时，镍矿物的浮选回收率从 79.8% 增加到 88.8%。可见，高强度调浆产生的流体力场作用能够明显提高含蛇纹石的硫化铜镍矿的浮选指标，调浆时间越长，镍矿物浮选回收率越高。

图 2-36 所示为固定调浆时间为 20min 时，调浆速度的变化对某硫化铜镍矿镍矿物浮选回收率的影响。图中结果表明，在调浆时间一定情况下，调浆速度越快，镍矿物的浮选回收率越高，当调浆速度从 1950r/min 增加到 2800r/min 时，

镍的浮选回收率从81%增加到87%。

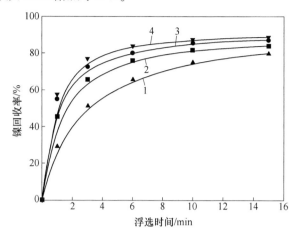

图 2-35 调浆时间对某硫化铜镍矿浮选的影响

（戊黄药用量 150g/t，丁醚醇用量 40g/t，调浆强度 2800r/min）

1—调浆时间 3min；2—调浆时间 10min；3—调浆时间 20min；4—调浆时间 40min

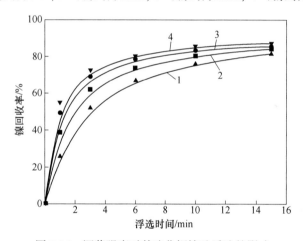

图 2-36 调浆强度对某硫化铜镍矿浮选的影响

（戊黄药用量 150g/t，丁醚醇用量 40g/t，调浆时间 20min）

1—调浆强度 1950r/min；2—调浆强度 2250r/min；3—调浆强度 2500r/min；4—调浆强度 2800r/min

由图 2-35 和图 2-36 还可以看出，浮选时间越短，较高的调浆速度或较长的调浆时间作用下的镍矿物浮选回收率与较低的调浆速度或较短的调浆时间作用下的镍矿物浮选回收率的差值越大，说明增加调浆速度和调浆时间提高了硫化矿物的浮选速率，使硫化矿物能够更快的上浮进入精矿。

蛇纹石是一种亲水的硅酸盐脉石，不会上浮进入精矿，主要通过矿泥罩盖作用附着在硫化矿物表面随硫化矿物一起上浮进入精矿。图 2-37 所示为固定调浆速度为 2800r/min 时，调浆时间对含蛇纹石的硫化铜镍矿品位回收率关系的影响。由图中结果可知，随着浮选回收率增加，粗精矿镍品位逐渐降低。说明浮选速率较慢的有用硫化矿物表面附着有较多的蛇纹石矿泥，附着有较多蛇纹石矿泥的有用硫化矿物进入浮选精矿，降低了精矿品位。图中结果还表明，当浮选回收率相同时，调浆时间越长，精矿镍品位越高。图 2-38 所示为固定调浆时间为 40min 时，调浆速度对含蛇纹石的硫化铜镍矿品位回收率关系的影响。由图中结果可知，在浮选回收率相同时，随着调浆速度增加，粗精矿品位逐渐升高。图 2-37 和图 2-38 的结果说明高强度调浆能够有效脱附硫化矿物表面附着的蛇纹石矿泥，降低进入精矿的矿泥数量，提高粗选精矿品位。

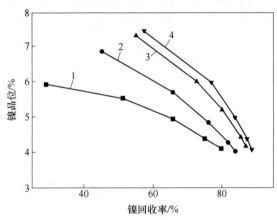

图 2-37 调浆时间对品位、回收率关系的影响
（PAX 用量 150g/t，丁醚醇用量 40g/t，调浆强度 2800r/min）
1—调浆时间 3min；2—调浆时间 10min；3—调浆时间 20min；4—调浆时间 40min

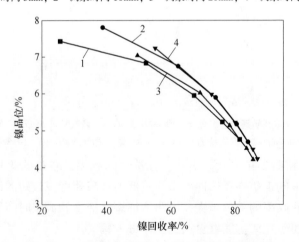

图 2-38 调浆强度对品位、回收率关系的影响
（PAX 用量 150g/t，丁醚醇用量 40g/t，调浆时间 20min）
1—调浆强度 1950r/min；2—调浆强度 2250r/min；3—调浆强度 2500r/min；4—调浆强度 2800r/min

粗颗粒矿物表面罩盖矿泥的粒度分析结果表明，高强度调浆能够脱附硫化矿物表面罩盖的粒度相对较粗的蛇纹石矿泥，消除蛇纹石对硫化矿物浮选的影响，提高含蛇纹石的硫化铜镍矿镍矿物的浮选回收率。然而，粒度较细的蛇纹石矿泥在硫化矿物表面附着强度较高，经过高强度调浆处理后，仍有部分粒度极细的蛇纹石矿泥附着在硫化矿物表面，随硫化矿物上浮进入精矿，影响精矿品位。考察了精选过程中使用高强度调浆处理对精选精矿品位的影响，结果见表2-2。表中结果表明，高强度调浆条件下进行两次精选所得精矿的品位与正常调浆条件下直接进行两次精选所得精矿的品位差别不大，说明高强度调浆难以脱附粗颗粒硫化矿物表面附着的极细粒度的蛇纹石矿泥，仅靠高强度调浆无法得到合格精矿。

表 2-2 高强度调浆对精矿品位的影响 （%）

调浆条件	产品名称	产率 γ	品位 β	回收率 ε
调浆强度 1950r/min 调浆时间 3min	精矿	19.13	6.41	85.96
	中矿 2	3.33	0.66	1.54
	中矿 1	7.07	0.43	2.13
	尾矿	70.47	0.21	10.37
	原矿	100.00	1.43	100.00
调浆强度 2800r/min 调浆时间 20min	精矿	17.58	6.79	83.15
	中矿 2	2.87	1.41	2.82
	中矿 1	7.63	0.66	3.51
	尾矿	71.92	0.21	10.52
	原矿	100.00	1.44	100.00

2.3.3 超声外场在含蛇纹石硫化铜镍矿浮选中的作用机制

通过增加调浆强度和调浆时间强化流体力场作用可以脱附硫化矿物表面罩盖的蛇纹石矿泥，显著提高了含蛇纹石的硫化铜镍矿的浮选指标。这一结果表明细颗粒蛇纹石在硫化矿物表面形成矿泥罩盖是含蛇纹石的硫化铜镍矿浮选分离困难的主要原因，脱附硫化矿物表面罩盖的蛇纹石矿泥是提高含蛇纹石的硫化铜镍矿选矿指标的关键因素，而外加力场是实现这一目的的可靠手段。为了进一步证实这一结论，考察了超声外场对硫化矿物表面罩盖的蛇纹石矿泥的脱附作用及超声外场对含蛇纹石的硫化铜镍矿浮选指标的影响。

2.3.3.1 超声外场作用下硫化矿物表面罩盖矿泥脱附行为

图 2-39 所示为超声波预处理功率对某含蛇纹石的硫化铜镍矿 +74μm 粒级矿石表面附着矿泥粒度分布的影响。由图可知，超声波预处理能够降低粗颗粒矿物

表面附着的细颗粒矿泥的数目，超声功率越强，粗颗粒矿物表面附着的细颗粒矿泥数目越少。与不使用超声波进行预先处理相比，超声功率为 60W 时，经过 1min 的超声波预处理，粗颗粒矿物表面附着的矿泥粒度分布就发生明显变化，−70μm+30μm 粒级范围的细颗粒数目减少，而−30μm 粒级范围的细颗粒数目变化较小。超声波预处理功率继续增加，−70μm+30μm 粒级范围的细颗粒数目继续减少，而−30μm 粒级范围的细颗粒数目也开始减少。当超声波预处理功率增大到 150W 时，−10μm 和−70μm+30μm 粒级范围的细颗粒消失，+74μm 粒级矿石表面只剩−30μm+10μm 粒级范围的细颗粒附着。图中结果表明，超声波预处理对粗颗粒硫化矿物表面附着的极细粒级和较粗粒级的矿泥的脱附效果较好，而对中间粒级的矿泥的脱附效果较差。

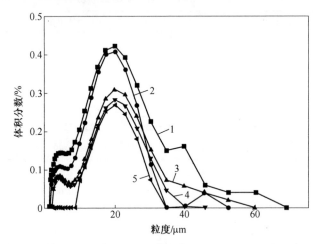

图 2-39　超声功率对某硫化铜镍矿+74μm 粒级矿石表面附着矿泥粒度分布的影响
（超声时间：1min）
1—0W；2—60W；3—90W；4—120W；5—150W

图 2-40 所示为超声波预处理时间对含蛇纹石的硫化铜镍矿+74μm 粒级矿石表面附着矿泥粒度分布的影响。由图可知，当超声波预处理功率为 90W 时，1min 的超声波预处理就使+74μm 粒级粗颗粒表面附着的各个粒级细颗粒数目明显减少。超声波预处理时间再增加，−35μm+10μm 粒级范围的细颗粒数目略有减少，而−70μm+35μm 粒级和−10μm 粒级的细颗粒数目减少较多并最终消失。超声波预处理时间越长，硫化矿物表面罩盖的细颗粒矿泥数目越少。

图 2-41 所示为超声波预处理功率对某含蛇纹石的硫化铜镍矿−74μm+37μm 粒级矿石表面附着矿泥粒度分布的影响。由图可知，−74μm+37μm 粒级矿石表面附着矿泥的粒度明显小于+74μm 粒级矿石表面附着的矿泥。超声波预处理同样能够减少−74μm+37μm 粒级颗粒表面附着的矿泥的数目，超声功率越强，粗

颗粒表面附着的细颗粒矿泥数目越少，当超声波预处理功率达到 120W 时，$-74\mu m+37\mu m$ 粒级颗粒表面只剩 $-12\mu m+4\mu m$ 粒级的矿泥附着，超声波预处理功率再增加，矿泥的粒度分布不再发生变化。

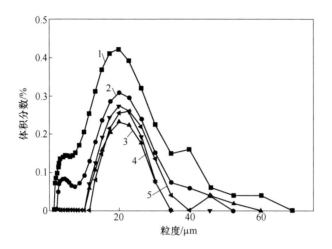

图 2-40　超声时间对某硫化铜镍矿 $+74\mu m$ 粒级矿石表面附着矿泥粒度分布的影响
（超声功率：90W）

1—0min；2—1min；3—5min；4—10min；5—20min；

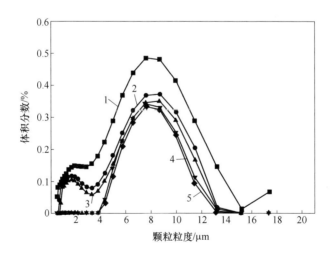

图 2-41　超声功率对某硫化铜镍矿 $-74\mu m+37\mu m$ 粒级矿石表面附着矿泥粒度分布的影响
（超声预处理时间：1min）

1—0W；2—60W；3—90W；4—120W；5—150W

图 2-42 所示为超声波预处理时间对某含蛇纹石的硫化铜镍矿 $-74\mu m+37\mu m$ 粒级矿石表面附着矿泥粒度分布的影响。由图可知，当超声功率为 90W 时，

1min 的超声波预处理就使−74μm+37μm 粒级粗颗粒矿物表面罩盖的各个粒级的细颗粒矿泥数目明显减少。超声波预处理时间再增加，粗颗粒硫化矿物表面罩盖的细颗粒矿泥完全消失。与高强度调浆方法相比，超声波预处理方法对粗颗粒硫化矿物表面罩盖的极细粒级的矿泥的脱附效果较好。

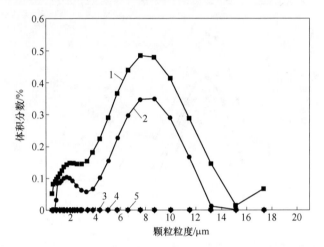

图 2-42　超声时间对某硫化铜镍矿−74μm+37μm 粒级矿石表面附着矿泥粒度分布的影响
（超声预处理功率：90W）
1—0min；2—1min；3—5min；4—10min；5—20min

结合图 2-39~图 2-42 的结果可知，超声波预处理对粒度相对较细的硫化矿物表面罩盖的矿泥的脱附效果更好。不同粒度黄铁矿和蛇纹石颗粒之间的 DLVO 理论计算结果表明，当同一个蛇纹石细颗粒附着在不同粒度的黄铁矿粗颗粒表面时，黄铁矿颗粒粒度越大，它和蛇纹石颗粒之间的相互吸引作用能越大，蛇纹石颗粒附着强度越高，因此，粗颗粒硫化矿物表面附着的蛇纹石矿泥比细颗粒硫化矿物表面附着的矿泥更难脱附。

2.3.3.2　超声外场对含蛇纹石的硫化铜镍矿浮选的影响

图 2-43 所示为固定超声功率为 150W 时，超声波预处理时间的变化对某含蛇纹石的硫化铜镍矿镍矿物浮选回收率的影响。由图中结果可知，随超声波预处理时间增加，镍矿物浮选回收率增加，超声波预处理时间越长，镍矿物浮选回收率越高，当超声波预处理时间从 0min 增加到 40min 后，镍矿物的浮选回收率从79.88%增加到 86.90%，再增加超声波预处理时间，镍矿物浮选回收率变化不大。

图 2-44 所示为固定超声时间为 20min 时，超声波预处理功率的变化对某含蛇纹石的硫化铜镍矿镍矿物浮选回收率的影响。图中结果表明，在超声波预处理

时间一定情况下，超声功率越强，镍矿物的浮选回收率越高，当超声功率从0W增加到120W时，镍矿物的浮选回收率从79.88%增加到85.31%，再增加超声功率，镍矿物浮选回收率变化不大。

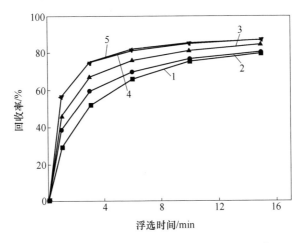

图2-43 超声时间对某硫化铜镍矿浮选的影响
（戊黄药用量150g/t，丁醚醇用量40g/t，超声预处理功率150W）
1—0min；2—10min；3—20min；4—40min；5—60min

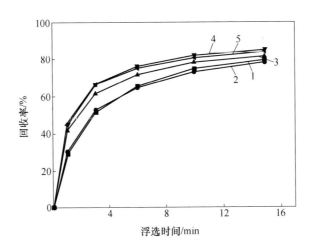

图2-44 超声功率对某硫化铜镍矿浮选的影响
（戊黄药用量150g/t，丁醚醇用量40g/t，超声预处理时间20min）
1—0W；2—60W；3—90W；4—120W；5—150W

图2-45所示为固定超声功率为150W时，超声波预处理时间的变化对某含蛇纹石的硫化铜镍矿品位、回收率关系的影响。由图中结果可知，当浮选回收率

相同时，超声波预处理时间越长，粗精矿镍品位越高。图 2-46 所示为固定超声时间为 20min 时，超声波预处理功率的变化对含蛇纹石的硫化铜镍矿品位、回收率关系的影响。由图中结果可知，在浮选回收率相同时，随着超声功率增加，粗精矿镍品位逐渐升高。图 2-45 和图 2-46 的结果说明超声波预处理能够有效脱附有用硫化矿物表面罩盖的蛇纹石矿泥，降低进入粗精矿的矿泥数量，提高精矿品位。超声波预处理时间越长、功率越高，脱附的矿泥数目越多。

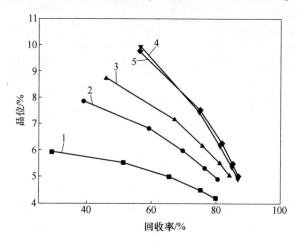

图 2-45　超声时间对品位、回收率关系的影响
（戊黄药用量 150g/t，丁醚醇用量 40g/t，超声功率 150W）
1—0min；2—10min；3—20min；4—40min；5—60min

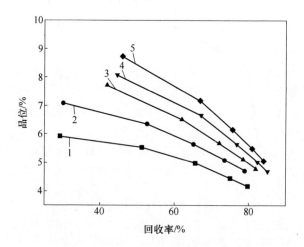

图 2-46　超声功率对品位、回收率关系的影响
（戊黄药用量 150g/t，丁醚醇用量 40g/t，超声时间 20min）
1—0W；2—60W；3—90W；4—120W；5—150W

2.4 蛇纹石表面电性调控机制与罩盖矿泥脱附行为

在硫化铜镍矿浮选常用的弱碱性 pH 值区间，蛇纹石表面荷正电，与硫化矿物表面电性相反，微细粒蛇纹石通过异相凝聚作用附着在硫化矿物表面，改变了硫化矿物的表面性质，使硫化矿物表面疏水性及捕收剂戊黄药在硫化矿物表面的吸附量降低，从而影响了硫化矿物与蛇纹石的浮选分离。通过强化流体力场作用能够脱附硫化矿物表面粒度相对较粗、附着强度较弱的蛇纹石颗粒，提高被蛇纹石抑制的硫化矿物的浮选回收率，但难以脱附硫化矿物表面粒度相对较细、附着强度较强的蛇纹石颗粒，无法提高精矿品位。因此，了解蛇纹石表面荷正电的原因，通过一定的技术手段调控蛇纹石表面电性，使蛇纹石与硫化矿物颗粒间的内力场从吸引变为排斥，使附着强度较高的微细粒蛇纹石从硫化矿物表面脱附，对于提高蛇纹石型硫化铜镍矿的选矿技术指标具有重要意义。浮选药剂在矿物表面的吸附是调控矿物表面性质的重要手段，然而目前对于含蛇纹石的硫化铜镍矿所用浮选药剂的研究，大多注重新药剂的开发与应用，很少关注药剂作用与矿物表面性质变化的关系这一最基本的问题。

本小节讨论了蛇纹石等电点较高的主要原因，考察了几种调整剂对蛇纹石表面电位以及蛇纹石与硫化矿物之间相互作用关系的影响并对其机理进行了分析，建立了矿物颗粒间聚集/分散行为的调控机制，并通过 DLVO 理论讨论了矿物界面性质、颗粒间界面作用与矿物颗粒聚集分散行为的内在关系。

2.4.1 蛇纹石荷电机理

表面电荷的性质是控制颗粒之间相互作用的重要因素。浸没在极性液体中的固体颗粒都会形成表面电荷[86]。当矿物颗粒与水分子接触时，将在矿粒/水界面发生离子或配离子等荷电质点的相间转移。多数情况下，荷电质点的转移是不等电量的，这导致相界面电位差的产生，使颗粒表面荷电。矿物颗粒表面荷电的主要原因包括：矿粒表面上的晶格离子的选择性溶解或表面组分的选择性解离，晶格同名离子或带电离子团在矿粒表面的选择性吸附以及晶格取代[87]。

矿物颗粒表面电荷的形成导致靠近表面的液体中的离子产生不均匀分布，带有相反电荷的离子受到表面电荷的吸引靠近表面而带有相同电荷的离子受到表面电荷的排斥而远离表面。其结果是在固液界面两侧出现了电荷数量相等、符号相反的双层结构，如图 2-47 所示。固体表面的电荷集中分布在 1~2 个原子厚度的表面层中，构成双电层内层。液相中部分离子受表面电荷的静电吸引作用在固体表面一定距离处排列，连接这些离子的面称为外亥姆霍兹面，没特性吸附存在时外亥姆霍兹面和固体表面之间的层叫作双电层外层的斯特恩层，又称为紧密层。某些特定的同号离子由于受到表面的特性吸附作用，可以克服静电排斥作用进入外亥姆霍兹面而吸附在固相表面，这些离子连接成为内亥姆霍兹面。在紧密层外，与表面电荷相同的离子浓度由高到低分布，而与表面电荷相反的离子浓度由低到高分布，直到某一距离阴阳离子浓度与它们的体相浓度相等，这个区域称为扩散层[88]。矿物的表面电位可以用外亥姆霍兹面的电位代替，从而可以通过测量矿物的 Zeta 电位得到矿物的表面电位[47]。

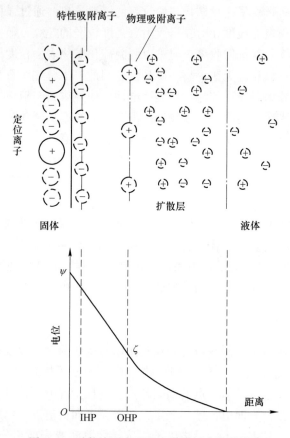

图 2-47　矿物表面离子分布及其对电位的影响

蛇纹石是由结构单元层组成的层状硅酸盐矿物，每个结构单元层由硅氧四面体层和镁氧八面体层按 1∶1 的比例连接构成。镁氧八面体层中，镁原子位于八面体层的中心，每个镁原子和 6 个氧原子相连，部分氧原子又与氢原子相连，形成羟基。在镁氧八面体层中存在 4 个羟基，分为内羟基和外羟基，1 个内羟基位于八面体层底部，即朝向硅氧四面体层的方向，而 3 个外羟基位于八面体层顶部。蛇纹石在破碎过程中容易在氢氧镁石层之间发生断裂，使表面暴露有大量羟基和镁离子[89]。

当矿物置于水中时，表面会发生溶解。矿物溶解的选择性是由离子的水和能及晶格能的大小决定的。由于阳离子和阴离子的水和能通常差异较大，且矿物晶体破裂面上阳离子及阴离子的位置和数量不相同，因此矿物表面受水合作用转入溶液的阳离子和阴离子的数量及比例也不相同。如果阳离子优先溶出，矿物表面会荷负电；而阴离子优先溶出会使矿物表面荷正电[90]。蛇纹石表面暴露有大量羟基和镁离子，二者的水合作用能不同，当蛇纹石置于溶液中时，可能会发生羟基和镁离子的不等量溶解。

图 2-48 所示是蛇纹石矿浆 pH 值随矿浆浓度的变化。由图中结果可知，固定搅拌时间为 10min 时，随蛇纹石矿浆浓度升高，矿浆 pH 值升高。当蛇纹石矿浆浓度从 0g/L 增加到 10g/L 时，矿浆 pH 值从 6.45 增加到 9.46，再增加蛇纹石矿浆浓度，矿浆 pH 值变化不大。由于矿浆中只存在蛇纹石矿物，因此 pH 值的升高是蛇纹石表面羟基溶解的结果，蛇纹石浓度越高，溶解出的羟基组分越多，蛇纹石矿浆的 pH 值越高。

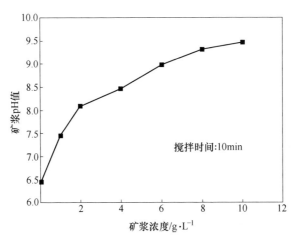

图 2-48 蛇纹石矿浆 pH 值随矿浆浓度的变化情况

图 2-49 所示为蛇纹石矿浆 pH 值随搅拌时间的变化。由图可知，固定蛇纹石矿浆浓度为 10g/L 时，随搅拌时间延长，蛇纹石矿浆 pH 值升高。当搅拌时间从 0min 增加到 10min 时，蛇纹石矿浆 pH 值从 7.75 增加到 9.46，搅拌时间再增加，蛇纹石矿浆 pH 值变化不大。图中结果表明，蛇纹石表面羟基的溶解是缓慢进行的，随搅拌时间增加，羟基溶出量逐渐增多，但溶出量达到一定值后，羟基就不再溶出，矿浆 pH 值也不再变化。

羟基溶出的同时，蛇纹石表面阳离子也发生溶解。当蛇纹石矿浆浓度为 10g/L，搅拌时间为 10min 时蛇纹石表面溶出的各种阳离子的浓度见表 2-3。由表中结果可知，蛇纹石表面溶出了 0.240mg/L 的镁离子和 0.031mg/L 的铁离子，溶出液中没有检测到硅和铝。这是由于暴露在蛇纹石表面的镁氧八面体层发生了部分溶解而硅氧四面体层结构稳定没有发生溶解。

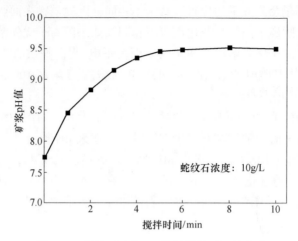

图 2-49 蛇纹石矿浆 pH 值随搅拌时间的变化

表 2-3 蛇纹石表面溶出离子浓度

溶出离子	Mg	Fe	Si	Al
浓度/mg·L⁻¹	0.240	0.031	—	—

溶解试验结果表明蛇纹石置于溶液中时会发生表面溶解，羟基和铁、镁阳离子从表面溶出并进入溶液。在蛇纹石矿浆浓度为 10g/L，搅拌时间为 10min 时，由蛇纹石矿浆 pH 值的变化计算可得蛇纹石表面溶出的羟基浓度为 2.817×10^{-5} mol/L，而此时溶出的各种阳离子的浓度总和为 1.055×10^{-5} mol/L。可见，蛇纹石表面离子的溶出是不等量的，羟基的溶出量明显高于阳离子的溶出量。蛇纹石表面离子的不等量溶出使矿浆 pH 值升高，同时较多的阳离子残留在表面，使蛇纹石表面阴阳离子比例发生变化，这可能是蛇纹石表面荷正电的主要原因。

蛇纹石表面羟基与阳离子的不等量溶解使阳离子留在蛇纹石表面是蛇纹石表面零电点较高的主要原因。因此，要调控蛇纹石的表面电性，消除蛇纹石对硫化矿物浮选的影响，必须要改变蛇纹石表面的阴阳离子比例，可以通过添加阴离子药剂吸附在蛇纹石表面或者移除蛇纹石表面的阳离子等方法来实现这一目的。

2.4.2 碳酸钠溶液化学及其在蛇纹石与黄铁矿异相分散中的作用

2.4.2.1 蛇纹石对 pH 值调整剂的缓冲能力

由前面内容可知，蛇纹石表面的羟基较阳离子容易溶出，使蛇纹石矿浆呈碱性。碳酸钠和氢氧化钠是常用的 pH 值调整剂，图 2-50 和图 2-51 所示分别为碳酸钠和氢氧化钠的用量对蛇纹石矿浆 pH 值的影响。由图可知，随着碳酸钠和氢氧化钠用量增加，纯水的 pH 值迅速升高，当碳酸钠和氢氧化钠的用量达到一定值后（碳酸钠用量为 $0.6×10^{-3}$ mol/L，氢氧化钠用量为 $2.5×10^{-3}$ mol/L），pH 值升高速度变缓。与纯水不同，蛇纹石矿浆具有很强的 pH 值缓冲能力，加入碳酸钠及氢氧化钠后，蛇纹石矿浆 pH 的升高值明显低于加入同样用量碳酸钠和氢氧化钠时纯水的 pH 升高值。图中结果还表明，蛇纹石表面溶出进入溶液的镁离子不会阻碍矿浆 pH 值的升高。与氢氧化钠相比，蛇纹石矿浆对碳酸钠的缓冲能力更强。

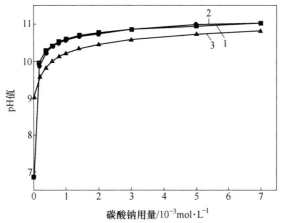

图 2-50　碳酸钠用量对蛇纹石矿浆 pH 值的影响

1—纯水；2—纯水+5.2mg/L Mg^{2+}；3—10g/L 蛇纹石

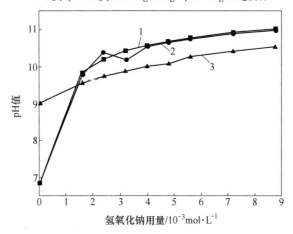

图 2-51　氢氧化钠用量对蛇纹石矿浆 pH 值的影响

1—纯水；2—纯水+5.2mg/L Mg^{2+}；3—10g/L 蛇纹石

2.4.2.2　碳酸根对蛇纹石与黄铁矿异相分散及浮选分离的影响

图 2-52 所示为碳酸钠及氢氧化钠分别调节 pH 值情况下，蛇纹石与黄铁矿的

凝聚分散行为随矿浆 pH 值的变化。由于氢氧化钠和碳酸钠均能使矿浆 pH 值呈碱性，因此只讨论了碳酸钠及氢氧化钠分别调节 pH 值时，碱性 pH 值条件下蛇纹石与黄铁矿的凝聚分散行为随 pH 值的变化。图中虚线右侧 pH 值区间反映的是碳酸钠和氢氧化钠分别调节 pH 值对蛇纹石与黄铁矿凝聚分散行为影响的差别。由图可知，氢氧化钠调节 pH 值情况下，随矿浆 pH 值升高，蛇纹石与黄铁矿人工混合矿浊度持续降低，说明使用氢氧化钠做 pH 值调整剂时 pH 值的升高导致蛇纹石与黄铁矿异相凝聚行为加剧。与氢氧化钠不同，碳酸钠调节 pH 值时，随矿浆 pH 值升高，蛇纹石与黄铁矿混合矿首先发生凝聚，浊度值降低，在 pH 值等于 9 时，浊度值达到最低；pH 值再升高，碳酸钠表现出分散效果，混合矿矿浆浊度值升高。在 6.8~9 的 pH 值区间内，碳酸钠作用下蛇纹石与黄铁矿人工混合矿浊度值低于氢氧化钠调浆的情况；而在 9~11 的 pH 值区间内，碳酸钠作用下蛇纹石与黄铁矿混合矿浊度值高于氢氧化钠调浆情况，说明在该 pH 值区间，碳酸钠对蛇纹石与黄铁矿人工混合矿具有分散作用。

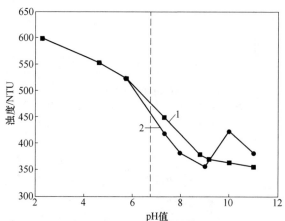

图 2-52　碳酸钠对蛇纹石与黄铁矿凝聚分散行为的影响
（蛇纹石 1g/L，黄铁矿 10g/L）
1—氢氧化钠；2—碳酸钠

　　蛇纹石与黄铁矿分散凝聚行为的变化会导致黄铁矿浮选回收率发生变化。图 2-53 所示为碳酸钠及氢氧化钠分别调节 pH 值情况下，黄铁矿的浮选回收率随矿浆 pH 值的变化。图中虚线右侧 pH 值区间反映的是碳酸钠和氢氧化钠分别调节 pH 值情况下矿浆 pH 值对黄铁矿浮选回收率影响的差别。由图中结果可知，氢氧化钠调浆情况下，随矿浆 pH 值升高，黄铁矿浮选回收率降低，说明氢氧化钠调节矿浆 pH 值时蛇纹石在黄铁矿表面附着量随 pH 值升高而增加，对黄铁矿的抑制作用增强，这与蛇纹石和黄铁矿人工混合矿的凝聚分散行为相符合。碳酸钠调浆时，随矿浆 pH 值升高，黄铁矿浮选回收率先降低后升高，在 pH 值等于 8 时，黄铁矿浮选回收率达到最低值，此后矿浆 pH 值再升高，黄铁矿浮选回收率升高。在 7.2~9 的 pH 值区间内，碳酸钠调浆时黄铁矿浮选回收率低于氢氧化钠调浆，而在 9~11 的 pH 值区间内，碳酸钠调浆时黄铁矿浮选回收率高于氢氧化钠调浆。

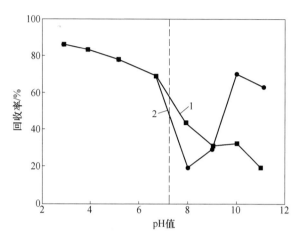

图 2-53　碳酸钠对黄铁矿浮选的影响

（黄药用量 $1×10^{-4}$ mol/L，MIBC 用量 $1×10^{-4}$ mol/L，蛇纹石 2.5g/L，黄铁矿 50g/L）

1—氢氧化钠；2—碳酸钠

　　碳酸钠与氢氧化钠的不同点在于其阴离子基团不同。因此，碳酸钠与氢氧化钠分别调节 pH 值情况下蛇纹石与黄铁矿表现出不同凝聚分散状态的原因可能是阴离子基团碳酸根与氢氧根与蛇纹石表面存在不同的反应，从而对蛇纹石表面电性产生了不同影响。因此，具有碳酸根的调整剂可能是分散蛇纹石与黄铁矿人工混合矿，提高被蛇纹石抑制的黄铁矿浮选回收率的有效调整剂。

　　为了考察碳酸根在蛇纹石与黄铁矿凝聚分散行为及黄铁矿与蛇纹石浮选分离中的作用，选择了碳酸氢钠和碳酸铵两种能够水解形成碳酸根但不会改变矿浆 pH 值的调整剂，考察其对蛇纹石与黄铁矿凝聚分散行为的影响。图 2-54 所示为 pH 值为 9 时，两种调整剂的用量对蛇纹石与黄铁矿凝聚分散行为的影响，$0.6×10^{-3}$ mol/L 的药剂用量对应于将矿浆 pH 值调整为 10 时的碳酸钠用量。由图可知，随着两种药剂用量的增加，混合矿矿浆浊度值先降低，当两种药剂的用量均为 $1×10^{-3}$ mol/L 时，矿浆浊度值达到最低，此后再增加药剂用量，矿浆浊度值升高。与相同用量的碳酸钠相比，$0.6×10^{-3}$ mol/L 的碳酸铵和碳酸氢钠均不能分散蛇纹石与黄铁矿混合矿，说明碳酸铵和碳酸氢钠的分散作用效果弱于碳酸钠。当碳酸铵和碳酸氢钠开始对混合矿产生分散效果时，同样浓度的碳酸铵的分散作用效果要强于碳酸氢钠。对比碳酸钠、碳酸铵和碳酸氢钠可知，同样浓度的三种碳酸盐产生的碳酸根浓度大小为碳酸钠>碳酸铵>碳酸氢钠，它们对蛇纹石与黄铁矿混合矿的分散作用效果也为碳酸钠>碳酸铵>碳酸氢钠。因此，碳酸盐对蛇纹石与黄铁矿混合矿的分散效果与碳酸盐在溶液中产生的碳酸根浓度有关，碳酸盐产生的碳酸根浓度越高，其分散作用效果越显著。

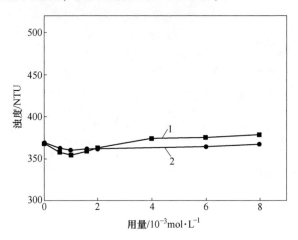

图 2-54 调整剂用量对混合矿凝聚分散行为的影响
（蛇纹石 1g/L，黄铁矿 10g/L，pH 值为 9）
1—碳酸铵；2—碳酸氢钠

图 2-55 所示为碳酸铵和碳酸氢钠用量为 1×10^{-3} mol/L 时，矿浆 pH 值对蛇纹石与黄铁矿人工混合矿凝聚分散行为的影响。由于酸性 pH 值条件下，碳酸根在溶液中不能稳定存在，因此，未考虑酸性 pH 值区间内碳酸根对蛇纹石与黄铁矿凝聚分散行为的影响。由图可知，当 pH 值小于 10 时，与不加碳酸盐相比，碳酸铵和碳酸氢钠作用下人工混合矿的浊度值均降低，说明此时两种碳酸盐均没有对蛇纹石与黄铁矿混合矿产生分散作用，反而产生了凝聚作用。而在 10.2～11 的 pH 值区间内，碳酸铵作用时混合矿的浊度值要高于不加碳酸盐时的情况，说明此时碳酸铵对混合矿矿浆产生了分散作用。pH 值大于 10.5 时，碳酸氢钠也开始对混合矿矿浆产生分散作用。矿浆 pH 值的升高使碳酸铵和碳酸氢钠解离产生的碳酸根浓度增加，有利于碳酸盐对蛇纹石与黄铁矿混合矿矿浆产生分散作用，再次表明碳酸根是碳酸盐对蛇纹石与黄铁矿混合矿产生分散作用的主要组分，而碳酸根的浓度对蛇纹石与黄铁矿混合矿的凝聚分散行为有着重要影响，只有碳酸根浓度超过一定值时才会对混合矿产生分散作用。

图 2-56 所示为蛇纹石存在时，调整剂用量对黄铁矿浮选回收率的影响。与凝聚分散结果相对应，0.6×10^{-3} mol/L 的碳酸铵和碳酸氢钠的加入降低了黄铁矿的浮选回收率，说明少量的碳酸根加剧了蛇纹石对黄铁矿浮选的影响。当碳酸铵和碳酸氢钠用量高于 0.6×10^{-3} mol/L 时，黄铁矿浮选回收率开始升高，当调整剂

用量为 1×10^{-3} mol/L 时，黄铁矿浮选回收率与不加调整剂时相同，再增加调整剂用量，黄铁矿浮选回收率高于不加碳酸盐时的情况，说明较高用量的调整剂能够消除蛇纹石对黄铁矿浮选的影响。图中结果还表明，碳酸铵的作用效果好于碳酸氢钠。

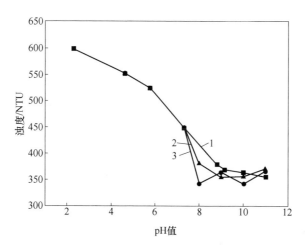

图 2-55　调整剂作用下 pH 值对混合矿凝聚分散行为的影响

（碳酸铵用量 1×10^{-3} mol/L，碳酸氢钠用量 1×10^{-3} mol/L，蛇纹石 1g/L，黄铁矿 10g/L）

1—不加药；2—碳酸铵；3—碳酸氢钠

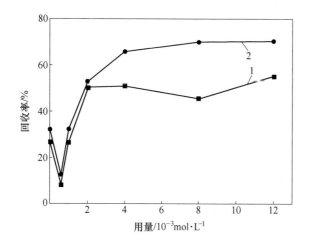

图 2-56　调整剂用量对被蛇纹石抑制的黄铁矿浮选的影响

（黄药用量 1×10^{-4} mol/L，MIBC 用量 1×10^{-4} mol/L，pH 值为 9，

蛇纹石 2.5g/L，黄铁矿 50g/L）

1—碳酸氢钠；2—碳酸铵

　　图 2-57 所示为 $1×10^{-3}$ mol/L 的碳酸氢钠和碳酸铵作用下矿浆 pH 值对黄铁矿浮选回收率的影响。由图 2-57 可知，酸性 pH 值条件下，蛇纹石对黄铁矿的浮选影响较小，碳酸铵和碳酸氢钠的加入也不会影响黄铁矿的浮选，这是由于酸性 pH 值条件下碳酸盐在溶液中不能稳定存在。在中性及碱性 pH 值条件下，蛇纹石抑制了黄铁矿的浮选，而碳酸氢钠和碳酸铵能够消除蛇纹石对黄铁矿浮选的影响。pH 值越高，两种药剂的作用效果越明显，黄铁矿浮选回收率越高，且碳酸铵的作用效果好于碳酸氢钠。

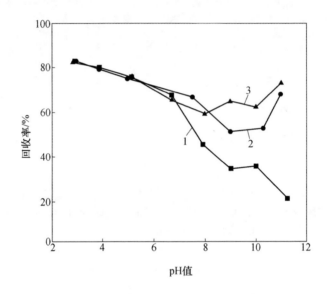

图 2-57　调整剂作用下 pH 值对黄铁矿浮选的影响

（黄药用量 $1×10^{-4}$ mol/L，MIBC 用量 $1×10^{-4}$ mol/L，蛇纹石 2.5g/L，黄铁矿 50g/L）

1—不加药；2—碳酸氢钠；3—碳酸铵

　　在合适的药剂用量或 pH 值条件下，碳酸钠、碳酸铵和碳酸氢钠均能分散蛇纹石与黄铁矿人工混合矿，消除蛇纹石对黄铁矿浮选的影响。为了进一步研究碳酸盐在蛇纹石与黄铁矿浮选分离中的作用，考察了经过碳酸钠处理后的蛇纹石对黄铁矿浮选的影响。将蛇纹石置于 pH 值为 11 的碳酸钠溶液中进行搅拌调浆（调浆过程中不断滴加碳酸钠溶液以保持矿浆 pH 值稳定为 11），调浆 1h 后将蛇纹石取出烘干作为试验样品，考察其对黄铁矿浮选的影响。

　　图 2-58 所示为经过碳酸钠处理后的蛇纹石对黄铁矿浮选的影响与未处理的蛇纹石对黄铁矿浮选影响的差别。由图可知，虽然经过碳酸钠处理的蛇纹石仍对黄铁矿具有抑制作用，但与未经碳酸钠处理的蛇纹石相比，碳酸钠处理后的蛇纹石对黄铁矿的抑制作用减弱了。在试验所研究的整个 pH 值范

围内，碳酸钠处理后的蛇纹石存在时黄铁矿的浮选回收率均高于未经碳酸钠处理的蛇纹石存在时黄铁矿的浮选回收率，说明碳酸根在蛇纹石表面的吸附影响了蛇纹石的表面性质及蛇纹石与黄铁矿的凝聚分散行为，减弱了蛇纹石对黄铁矿的抑制作用。

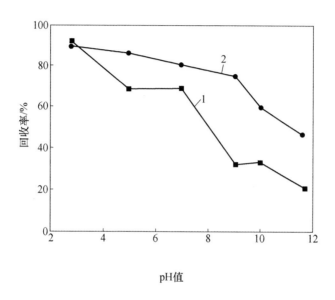

图 2-58　碳酸钠处理蛇纹石对黄铁矿浮选的影响

（黄药用量 $1×10^{-4}$mol/L，MIBC 用量 $1×10^{-4}$mol/L，蛇纹石 2.5g/L，黄铁矿 50g/L）

1—黄铁矿+蛇纹石；2—黄铁矿+碳酸钠处理蛇纹石

2.4.2.3　碳酸根溶液化学及其在蛇纹石表面的吸附行为

沉降与浮选试验结果表明，碳酸钠、碳酸氢钠以及碳酸铵在特定条件下能够分散蛇纹石与黄铁矿混合矿，提高被蛇纹石抑制的黄铁矿的浮选回收率。碳酸根在溶液中能发生解离以及水解反应，反应式如下所示：

$$CO_3^{2-} + 2H_2O \rightleftharpoons H_2CO_3 + 2OH^- \tag{2-4}$$

$$H_2CO_3 \rightleftharpoons H^+ + HCO_3^-,\ K_{\alpha1} = [H^+][HCO_3^-]/[H_2CO_3] \tag{2-5}$$

$$HCO_3^- \rightleftharpoons H^+ + CO_3^{2-},\ K_{\alpha2} = [H^+][CO_3^{2-}]/[HCO_3^-] \tag{2-6}$$

$$H_2O \rightleftharpoons H^+ + OH^-,\ K_\omega = [H^+][OH^-] \tag{2-7}$$

式中，$K_{\alpha1}$、$K_{\alpha2}$ 以及 K_ω 分别为碳酸根的一级、二级解离常数以及水的离子积常数，$K_{\alpha1} = 1/K_2^H$，$K_{\alpha2} = 1/K_1^H$，其中 K_1^H、K_2^H 分别为碳酸的一级、二级加质子常数，其取值见表 2-4[91]。

表 2-4 碳酸根溶液化学计算所用常数及其取值

常数	K_1^H	K_2^H	$K_{\alpha1}$	$K_{\alpha2}$	K_ω
取值	$10^{10.33}$	$10^{6.35}$	$10^{-6.35}$	$10^{-10.33}$	10^{-14}

$$[CO_3^{2-}] = [CO_3^{2-}] + [HCO_3^-] + [H_2CO_3] \tag{2-8}$$

$$\varphi(CO_3^{2-}) = \frac{[CO_3^{2-}]}{[CO_3^{2-}]} = \frac{[CO_3^{2-}]}{[CO_3^{2-}] + [HCO_3^-] + [H_2CO_3]} \tag{2-9}$$

由式 (5-1) ~式 (5-4) 可得:

$$\varphi(CO_3^{2-}) = \frac{[CO_3^{2-}]}{[CO_3^{2-}]} = \frac{1}{1 + \dfrac{10^{-pH}}{K_{\alpha2}} + \dfrac{10^{-2pH}}{K_{\alpha1}K_{\alpha2}}} \times 100\% \tag{2-10}$$

$$\varphi(HCO_3^-) = \frac{[HCO_3^-]}{[CO_3^{2-}]} = \frac{\dfrac{10^{-pH}}{K_{\alpha2}}}{1 + \dfrac{10^{-pH}}{K_{\alpha2}} + \dfrac{10^{-2pH}}{K_{\alpha1}K_{\alpha2}}} \times 100\% \tag{2-11}$$

$$\varphi(H_2CO_3) = 100\% - \varphi(CO_3^{2-}) - \varphi(HCO_3^-) \tag{2-12}$$

由此可绘出碳酸根的组分分布与 pH 值的关系图, 如图 2-59 所示。由图可知, 随矿浆 pH 值变化, 碳酸根在溶液中可以以 CO_3^{2-}、HCO_3^- 以及 H_2CO_3 等不同形式存在。当 pH 值小于 6 时, 碳酸根主要以 H_2CO_3 形式存在; 在 pH 值为 6~10 的区间, 碳酸根主要以 HCO_3^- 形式存在; 而在 pH 值大于 10 时, CO_3^{2-} 为主要存在形式。

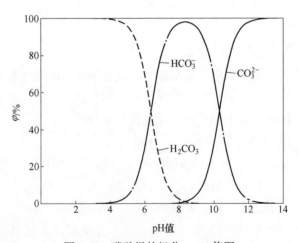

图 2-59 碳酸根的组分 φ-pH 值图

当碳酸盐用量较低时, 碳酸盐能够消除蛇纹石影响黄铁矿浮选的 pH 值区间为 10~11，而在该 pH 值区间内碳酸根主要以 CO_3^{2-} 形式存在。当碳酸盐用量较高时，在 8~10 的 pH 值区间碳酸盐仍然能够消除蛇纹石对黄铁矿浮选的影响，虽然此时碳酸根主要以 HCO_3^- 形式存在，但从图 2-59 可以看出此时仍有部分碳酸根以 CO_3^{2-} 形式存在，浓度较高的碳酸盐仍能产生浓度足够高的 CO_3^{2-} 消除蛇纹石对黄铁矿浮选的影响。因此，足够浓度的 CO_3^{2-} 在溶液中的存在是碳酸盐消除蛇纹石与黄铁矿异相凝聚现象，提高被蛇纹石抑制的黄铁矿浮选回收率的关键。

碳酸根在溶液中荷负电，而蛇纹石表面在碱性 pH 值条件下荷正电，二者之间存在静电吸引作用，碳酸根有可能吸附在蛇纹石表面。使用红外光谱研究了碳酸根在蛇纹石表面的吸附行为。前人研究认为，碳酸根在 1200~1700cm^{-1} 区间存在较强的吸收峰（C—O 非对称伸缩振动峰），而在 1000~1150cm^{-1} 区间存在的较弱的吸收峰（C—O 对称伸缩振动峰）通常较难检测到，在小于 900cm^{-1} 区间存在的吸收峰属于碳酸根的面外和面内弯曲振动[92]。

图 2-60 所示为碳酸根作用前后蛇纹石的红外光谱图。由图可知，碳酸钠在 1441.5cm^{-1} 处存在较强的吸收峰，并在 1621.1cm^{-1} 处存在一个肩峰，他们均属于 C—O 的非对称伸缩振动。在蛇纹石的红外光谱中，3686.3cm^{-1} 对应的是蛇纹石结构中 Mg—OH 的外羟基振动；在 984.6cm^{-1} 处出现的吸收峰为蛇纹石 Si—O 的伸缩振动；580.0cm^{-1} 对应的为 MgO—H 的面内弯曲振动；443.6cm^{-1} 对应的为 Mg—O 的面内振动。碳酸钠与蛇纹石作用后，蛇纹石红外谱图在 1423.8cm^{-1} 处出现了新的吸收峰，这是蛇纹石表面吸附的碳酸根的非对称伸缩振动的结果。Roonasi 研究了碳酸根在针铁矿表面的吸附行为，发现碳酸根吸附在针铁矿表面

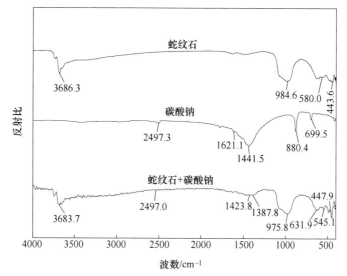

图 2-60 碳酸根作用前后蛇纹石的红外光谱

后，针铁矿的红外光谱在 1485cm^{-1} 和 1545cm^{-1} 处出现了新的吸收峰，他认为碳酸根在针铁矿表面发生了吸附，并将这两处吸收峰分别归结于原子配位键和作用与氢键作用[93]。Bargar 研究了碳酸根在赤铁矿表面吸附的红外光谱，发现不同离子浓度下，赤铁矿的红外光谱在 1469/1359cm^{-1} 或 1530/1321cm^{-1} 处出现了碳酸根的特征吸收峰，这两组峰是碳酸根与赤铁矿形成单原子配合体及氢键的结果[94]。

图 2-60 的结果表明碳酸根在蛇纹石表面发生了化学吸附。研究发现碳酸根能够在针铁矿、硅酸盐等氧化矿表面吸附，从而影响矿物的表面电位[92]。因此，碳酸盐产生的荷负电的 CO_3^{2-} 在荷正电的蛇纹石表面的吸附，改变了蛇纹石表面电性，是碳酸盐分散蛇纹石与黄铁矿混合矿，提高被蛇纹石抑制的黄铁矿浮选回收率的主要原因。

2.4.3 阴离子调整剂吸附对黄铁矿与蛇纹石浮选分离的影响

在矿物浮选分离过程中，经常使用调整剂来调控矿物的表面性质，以扩大矿物颗粒之间的可浮性差异，实现矿物的浮选分离。调整剂与矿物表面发生作用，改变了矿物的表面性质，将对蛇纹石与黄铁矿之间的凝聚分散行为产生影响。

2.4.3.1 CMC 构效关系与黄铁矿蛇纹石浮选分离

CMC 是一种阴离子聚合物，是含钙镁硅酸盐脉石、碳酸盐脉石和泥质脉石的有效抑制剂及矿泥的絮凝剂。研究发现，由于 CMC 的羧基能够在溶液中解离而荷负电，因此能够对矿物产生分散作用。

图 2-61 所示为 pH 值为 9 时，不同相对分子质量 CMC 的用量对矿物凝聚分散行为的影响。由图可知，CMC 对蛇纹石单矿物具有明显的絮凝作用，随 CMC 用量增加，蛇纹石单矿物浊度值降低，CMC 相对分子质量越高，对蛇纹石的絮凝效果越显著。CMC 是一种长链的聚合物，主要通过桥联作用产生絮凝作用，CMC 相对分子质量越高，分子链越长，越容易对矿物产生絮凝作用。与不加 CMC 相比，CMC 用量较低时，蛇纹石与黄铁矿人工混合矿浊度值升高，说明 CMC 对混合矿产生了分散作用；而 CMC 用量较高时，混合矿浊度值降低，这主要是 CMC 对蛇纹石单矿物的絮凝作用使蛇纹石发生同相凝聚的结果，此时 CMC 仍对混合矿产生了分散作用。由图还可以看出，不同相对分子质量的 CMC 均对蛇纹石与黄铁矿人工混合矿产生了分散作用，相对分子质量越低，分散效果越好。

图 2-62 所示为 pH 值为 9 时，不同取代度 CMC 的用量对矿物凝聚分散行为的影响。取代度是指 CMC 分子上的伯羟基被羧基取代的程度，取代度越高，CMC 分子上能够解离荷电的羧基数目越多。由图可知，三种取代度的 CMC 均对

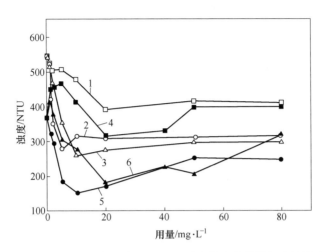

图 2-61 不同相对分子质量的 CMC 对矿物聚集分散行为的影响

（蛇纹石 1g/L，黄铁矿 10g/L，pH 值为 9）

1—蛇纹石，CMC 相对分子质量 9 万；2—蛇纹石，CMC 相对分子质量 25 万；

3—蛇纹石，CMC 相对分子质量 70 万；4—蛇纹石与黄铁矿，CMC 相对分子质量 9 万；

5—蛇纹石与黄铁矿，CMC 相对分子质量 25 万；6—蛇纹石与黄铁矿，CMC 相对分子质量 70 万

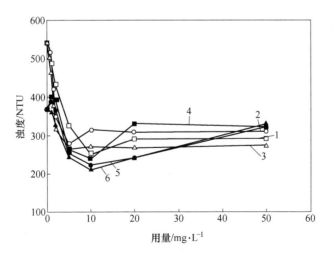

图 2-62 不同取代度 CMC 对矿物聚集分散行为的影响

（蛇纹石 1g/L，黄铁矿 10g/L，pH 值 9）

1—蛇纹石，CMC 取代度 1.2；2—蛇纹石，CMC 取代度 0.9；3—蛇纹石，CMC 取代度 0.7；

4—蛇纹石与黄铁矿，CMC 取代度 1.2；5—蛇纹石与黄铁矿，CMC 取代度 0.9；

6—蛇纹石与黄铁矿，CMC 取代度 0.7

蛇纹石单矿物具有明显的絮凝作用，取代度较低的 CMC 作用下，蛇纹石单矿物浊度值降低较多，说明取代度越低的 CMC 对蛇纹石单矿物的絮凝作用越显著。CMC 通过高分子桥联作用使蛇纹石絮凝，而蛇纹石颗粒表面电荷的存在使不同蛇纹石颗粒之间存在阻碍絮凝的静电排斥作用。CMC 的吸附能够使蛇纹石表面电荷绝对值降低，取代度越低的 CMC 使蛇纹石表面电荷越接近零点，蛇纹石颗粒之间的静电排斥能变得越小，颗粒越容易发生絮凝。三种取代度的 CMC 都对蛇纹石与黄铁矿人工混合矿产生了分散作用，取代度越高，对混合矿的分散作用越明显。这是由于在 pH 值为 9 时，CMC 的取代度越高，能使蛇纹石表面电性变得越负，与黄铁矿之间的静电排斥作用越强，混合矿分散性越好。

图 2-63 所示为蛇纹石存在时不同 pH 值条件下 CMC 相对分子质量对黄铁矿浮选行为的影响。图 2-64 所示为蛇纹石存在时不同 pH 值条件下 CMC 取代度对黄铁矿浮选行为的影响。由图 2-63 和图 2-64 可知，CMC 对蛇纹石与黄铁矿浮选分离的影响受 pH 值影响较大。在酸性 pH 值条件下，蛇纹石对黄铁矿浮选的影响较小，而 CMC 的加入抑制了黄铁矿的浮选，pH 值越低，CMC 对黄铁矿的抑制效果越显著，此时黄铁矿的浮选回收率低于不加 CMC 情况下的黄铁矿浮选回收率。这是由于酸性 pH 值条件下，CMC 的羧基发生加质子反应，荷电量降低，与荷负电的黄铁矿表面之间的静电排斥作用减弱，CMC 吸附在没有蛇纹石附着的黄铁矿表面，抑制了黄铁矿的浮选。在碱性 pH 值条件下，蛇纹石抑制了黄铁

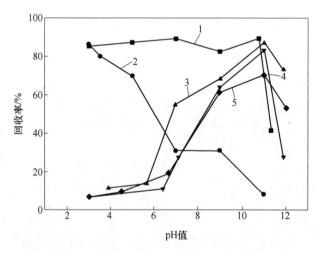

图 2-63　不同 pH 值条件下 CMC 相对分子质量对黄铁矿浮选的影响

(PAX 用量 $1×10^{-4}$ mol/L；MIBC 用量 $1×10^{-4}$ mol/L，CMC 用量 10mg/L，蛇纹石 2.5g/L，黄铁矿 50g/L)

1—黄铁矿；2—黄铁矿+蛇纹石；3—CMC 相对分子质量 9 万；
4—CMC 相对分子质量 25 万；5—CMC 相对分子质量 70 万

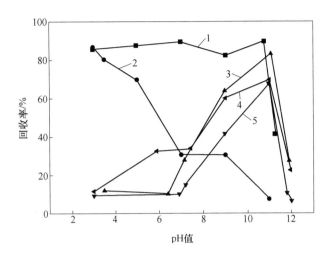

图 2-64 不同 pH 值条件下 CMC 取代度对黄铁矿浮选的影响

（PAX 用量 1×10^{-4}mol/L，MIBC 用量 1×10^{-4}mol/L，CMC 用量 10mg/L，蛇纹石 2.5g/L，黄铁矿 50g/L）

1—黄铁矿；2—黄铁矿+蛇纹石；3—CMC 取代度 1.2；4—CMC 取代度 0.7；5—CMC 取代度 0.9

矿的浮选，pH 值越高，蛇纹石对黄铁矿的抑制作用越强，而 CMC 的加入能够减弱蛇纹石对黄铁矿的抑制作用，pH 值越高，黄铁矿浮选回收率越高，只有在强碱性 pH 值条件下黄铁矿发生表面氧化导致回收率降低。碱性 pH 值条件下，CMC 的羧基发生去质子反应而荷负电，与荷负电的黄铁矿表面之间存在较强的静电排斥作用，难以吸附在黄铁矿表面，此时，荷负电的 CMC 能通过静电吸引作用吸附在荷正电的蛇纹石表面，从而起到分散蛇纹石与黄铁矿人工混合矿，提高被蛇纹石抑制的黄铁矿浮选回收率的作用。

图 2-63 和图 6-24 中结果还表明，相对分子质量相同时，取代度越高，CMC 减弱蛇纹石对黄铁矿抑制作用的效果越好，黄铁矿浮选回收率越高；而三种相对分子质量的 CMC 中，相对分子质量为 9 万的 CMC 减弱蛇纹石对黄铁矿抑制作用的效果最好。这与凝聚分散试验的结果一致。

图 2-65 所示为 pH 值为 9 时，不同相对分子质量 CMC 的用量对被蛇纹石抑制的黄铁矿浮选行为的影响。由图可知，不同相对分子质量的 CMC 均能够减弱蛇纹石对黄铁矿的抑制作用，提高被蛇纹石抑制的黄铁矿的浮选回收率。10mg/L 的 CMC 就能使黄铁矿浮选回收率达到最大值，再增加 CMC 用量，低相对分子质量的 CMC 对黄铁矿浮选回收率影响不大，而相对分子质量为 70 万的 CMC 降低了黄铁矿的浮选回收率。这是由于蛇纹石从黄铁矿表面脱附后，CMC 在黄铁矿表面的吸附降低了黄铁矿的表面疏水性，抑制了黄铁矿的浮选，CMC 相对分子质量越大，抑制效果越显著。

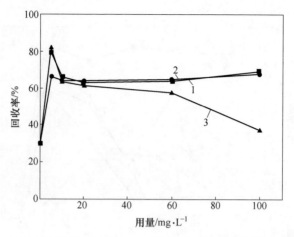

图 2-65　不同相对分子质量的 CMC 对被蛇纹石抑制的黄铁矿浮选的影响
（PAX 用量 1×10^{-4} mol/L，MIBC 用量 1×10^{-4} mol/L，蛇纹石 2.5g/L，黄铁矿 50g/L）
1—CMC 相对分子质量 9 万；2—CMC 相对分子质量 25 万；3—CMC 相对分子质量 70 万

　　图 2-66 所示为 pH 值为 9 时，不同取代度 CMC 的用量对被蛇纹石抑制的黄铁矿浮选行为的影响。由图可知，不同取代度的 CMC 均能够减弱蛇纹石对黄铁矿浮选的影响，取代度越高，CMC 的作用效果越好，达到最大黄铁矿浮选回收率的 CMC 用量也越低。10mg/L 的取代度为 1.2 的 CMC 既能使黄铁矿浮选回收率达到最大值。而取代度为 0.9 的 CMC 使黄铁矿浮选回收率达到最大值的用量为 20mg/L。对于取代度为 0.7 的 CMC，在试验所研究的用量范围内，CMC 用量越高，黄铁矿浮选回收率越高。由图还可以看出，随用量增加，三种取代度的

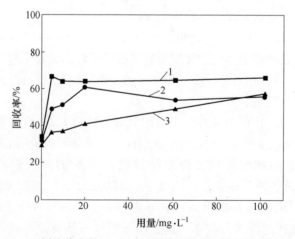

图 2-66　不同取代度的 CMC 对被蛇纹石抑制的黄铁矿浮选的影响
（PAX 用量 1×10^{-4} mol/L，MIBC 用量 1×10^{-4} mol/L，蛇纹石 2.5g/L，黄铁矿 50g/L）
1—CMC 取代度 1.2；2—CMC 取代度 0.9；3—CMC 取代度 0.7

CMC 均没有对黄铁矿产生抑制作用，说明 CMC 对黄铁矿的抑制作用与相对分子质量有关，三种取代度的 CMC 的相对分子质量均为 25 万，在试验所研究的用量范围内，相对分子质量为 25 万的 CMC 不会对黄铁矿产生抑制作用。

荷负电的 CMC 可以通过静电作用吸附在荷正电的蛇纹石表面，改变蛇纹石的表面性质，减轻蛇纹石与黄铁矿之间的异相凝聚；同时 CMC 能够通过羧基与黄铁矿表面的金属离子或者金属羟基物发生反应，吸附在黄铁矿表面，抑制黄铁矿的浮选。因此，CMC 的结构在消除蛇纹石对黄铁矿的抑制作用时有着重要作用，相对分子质量、取代度合适的 CMC 能够消除蛇纹石对黄铁矿浮选的影响而不抑制黄铁矿的浮选。本小节研究发现，低相对分子质量、高取代度的 CMC 在消除蛇纹石对黄铁矿浮选的影响时效果最佳。

2.4.3.2　水玻璃在蛇纹石与黄铁矿浮选分离中的作用

水玻璃是多种硅酸钠的混合物，可以用 $NaO_2 \cdot aSiO_2$ 表示其组成，a 为水玻璃的模数，表示 NaO 与 SiO_2 的比值。水玻璃模数越小越易溶于水但抑制能力较弱，模数越大越难溶于水但抑制能力较强[95]。水玻璃是常用的非硫化矿物调整剂，对石英、硅酸盐、铝硅酸盐矿物具有较强的抑制作用，在浮选过程中还常被用作矿泥分散剂。

图 2-67 所示为不同模数水玻璃的用量对蛇纹石与黄铁矿凝聚分散行为的影响。由图可知，少量的水玻璃降低了蛇纹石与黄铁矿人工混合矿的浊度值，说明少量的水玻璃对蛇纹石与黄铁矿人工混合矿不具有分散作用。当水玻璃用量较高

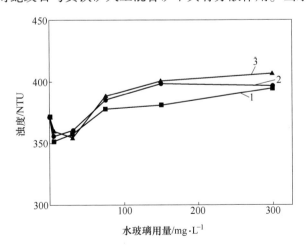

图 2-67　不同模数水玻璃对混合矿浊度的影响
（蛇纹石 1g/L，黄铁矿 10g/L）
1—水玻璃模数 2.3；2—水玻璃模数 2.4；3—水玻璃模数 2.8

时，水玻璃对蛇纹石与黄铁矿混合矿产生了分散作用，水玻璃用量越高，分散效果越明显。图中结果还表明，水玻璃模数越高，对蛇纹石与黄铁矿人工混合矿的分散效果越好。水玻璃在溶液中可以电离出胶态的 SiO_2，水玻璃模数越高电离出的胶态 SiO_2 越多。胶态 SiO_2 颗粒表面的电性与石英相同，在 pH 值大于 3 时荷负电，因此胶态 SiO_2 颗粒能够吸附在荷正电的蛇纹石表面并改变其表面电性，水玻璃模数越高，蛇纹石表面电位变化越大。因此，模数较高的水玻璃对蛇纹石与黄铁矿人工混合矿的分散效果较好。

图 2-68 所示为不同 pH 值条件下水玻璃模数对蛇纹石与黄铁矿凝聚分散行为的影响。由图可知，水玻璃对蛇纹石与黄铁矿混合矿凝聚分散行为的影响受 pH 值影响较大。当 pH 值小于 7 时，水玻璃的存在显著降低了混合矿的浊度值，说明在酸性 pH 值条件下水玻璃对蛇纹石与黄铁矿混合矿不具有分散作用。当 pH 值大于 7 时，水玻璃的加入使混合矿浊度值升高，说明碱性 pH 值条件下水玻璃对蛇纹石与黄铁矿混合矿产生了分散作用。水玻璃在溶液中的存在形式随 pH 值不同会发生变化，在酸性 pH 值条件下，水玻璃主要以 $Si(OH)_4$ 形式存在；而在碱性 pH 值条件下，水玻璃主要以荷负电的 $SiO(OH)_3^-$ 形式存在。因此，水玻璃在溶液中的不同存在形式是影响蛇纹石与黄铁矿之间凝聚分散行为的关键因素。

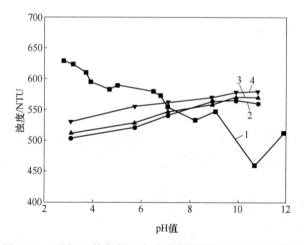

图 2-68　不同 pH 值条件下水玻璃模数对混合矿浊度的影响

（蛇纹石 1g/L，黄铁矿 10g/L）

1—不加水玻璃；2—水玻璃模数 2.3；3—水玻璃模数 2.4；4—水玻璃模数 2.8

图 2-69 所示为不同模数水玻璃的用量对被蛇纹石抑制的黄铁矿浮选回收率的影响。由图可知，水玻璃的加入能够减弱蛇纹石对黄铁矿的抑制作用，水玻璃用量越高，黄铁矿浮选回收率越高，10mg/L 的水玻璃就能使黄铁矿浮选回收率

达到最大值,再增加水玻璃用量,黄铁矿浮选回收率变化不大,说明 pH 值为 9 时水玻璃在试验所研究的用量范围内不会抑制黄铁矿的浮选。由图还可以看出,水玻璃模数对黄铁矿浮选回收率的影响不大,水玻璃用量较低时,低模数水玻璃作用效果较好,而水玻璃用量较高时,高模数水玻璃作用效果较好。

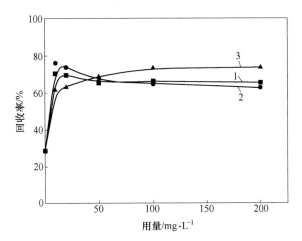

图 2-69　不同模数水玻璃对被蛇纹石抑制的黄铁矿浮选的影响
(PAX 用量 $1×10^{-4}$ mol/L,MIBC 用量 $1×10^{-4}$ mol/L,蛇纹石 2.5g/L,黄铁矿 50g/L)
1—水玻璃模数 2.3;2—水玻璃模数 2.4;3—水玻璃模数 2.8

图 2-70 所示为不同 pH 值条件下不同模数的水玻璃对被蛇纹石抑制的黄铁矿浮选回收率的影响。与凝聚分散结果相对应,水玻璃减弱蛇纹石影响黄铁矿浮选的作用也受 pH 值影响。在酸性 pH 值条件下,蛇纹石对黄铁矿浮选影响较小,

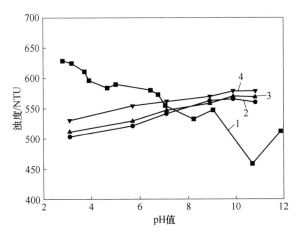

图 2-70　不同 pH 值条件下水玻璃模数对黄铁矿浮选的影响
(PAX 用量 $1×10^{-4}$ mol/L,MIBC 用量 $1×10^{-4}$ mol/L;水玻璃用量 10mg/L,蛇纹石 2.5g/L,黄铁矿 50g/L)
1—不加水玻璃;2—水玻璃模数 2.3;3—水玻璃模数 2.4;4—水玻璃模数 2.8

而水玻璃的加入降低了黄铁矿的浮选回收率，这是由于酸性 pH 值条件下，蛇纹石没有附着在黄铁矿表面，而水玻璃胶体不荷电，能够吸附在荷负电的黄铁矿表面，对黄铁矿产生抑制作用。碱性 pH 值条件下，蛇纹石抑制了黄铁矿的浮选，水玻璃的加入能够减弱蛇纹石对黄铁矿的抑制作用，提高黄铁矿的浮选回收率。在碱性 pH 值条件下，水玻璃胶体荷负电，与黄铁矿之间存在较强的静电排斥作用，难以吸附在黄铁矿表面，此时，荷负电的水玻璃能通过静电吸引作用吸附在荷正电的蛇纹石表面，从而起到分散蛇纹石与黄铁矿人工混合矿，提高被蛇纹石抑制的黄铁矿浮选回收率的作用。

2.4.3.3 阴离子调整剂对矿物表面性质及相互作用关系的影响

阴离子调整剂水玻璃和 CMC 能够分散蛇纹石与黄铁矿混合矿，减弱蛇纹石对黄铁矿的抑制作用。调整剂影响矿物之间相互作用，实现矿物浮选分离的前提是能够吸附在矿物表面并改变矿物的表面性质。2.1 节研究发现蛇纹石表面羟基离子和阳离子的不等量溶出使阳离子残留在表面是蛇纹石表面荷正电的主要原因，使镁离子等阳离子从蛇纹石表面溶出或者阴离子基团在蛇纹石表面发生吸附是改变蛇纹石表面阴阳离子比例，降低蛇纹石表面电位，消除蛇纹石对黄铁矿抑制作用的重要手段。

表 2-5 所示是水玻璃（模数 2.4）和 CMC（取代度 1.2，相对分子质量 25万）对蛇纹石表面镁离子溶出量的影响。由表中结果可知，加入水玻璃和 CMC后，蛇纹石表面镁离子溶出量没有发生变化。因此，CMC 和水玻璃与蛇纹石表面的作用不会促进蛇纹石表面镁离子的溶出。表 2-6 所示为水玻璃和 CMC 在蛇纹石表面吸附量随加入量的变化。表中结果表明水玻璃和 CMC 均在蛇纹石表面发生了吸附，吸附量随药剂加入量增加而增加。

表 2-5 CMC 和水玻璃对蛇纹石表面镁离子溶出量的影响 （mg/L）

药剂加入量	Mg 溶出量
不加药	1.27
CMC(50mg/L)	2.10
水玻璃(50mg/L)	0.89

表 2-6 CMC 和水玻璃在蛇纹石表面的吸附量 （mg/L）

药剂加入量	水玻璃吸附量	CMC 吸附量
100	70	33
200	120	51
400	190	95
600	376	151

使用红外光谱研究了水玻璃及 CMC 在蛇纹石表面的吸附机理。图 2-71 和图 2-72 所示分别为 CMC 和水玻璃作用前后蛇纹石的红外光谱图。在 CMC 的红外光谱中，$3442.1\mathrm{cm}^{-1}$ 处特征峰为—OH 伸缩振动，$2918.0\mathrm{cm}^{-1}$ 处特征峰为—CH_2 伸缩振动，$1623.0\mathrm{cm}^{-1}$ 处特征峰为—COO^- 反对称伸缩振动，$1423.1\mathrm{cm}^{-1}$ 处特征峰为—COO^- 对称伸缩振动，$1115.1\mathrm{cm}^{-1}$ 处特征峰为 C(5)—C(6) 和 C(6)—O(6) 的弯曲振动，$1058.2\mathrm{cm}^{-1}$ 处特征峰为 C—O—C 键的弯曲振动[96,97]。在水玻璃的红外光谱中，$3441.1\mathrm{cm}^{-1}$ 处特征峰是水玻璃的—OH 伸缩振动峰，$886.4\mathrm{cm}^{-1}$

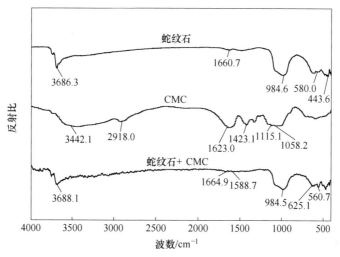

图 2-71　CMC 作用前后蛇纹石的红外光谱图

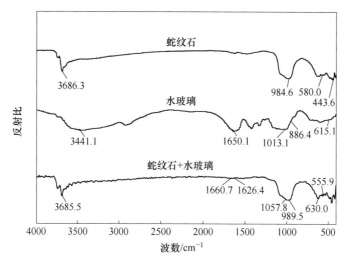

图 2-72　水玻璃作用前后蛇纹石的红外光谱图

和 1013.1cm^{-1} 处特征峰为水玻璃中 SiO(OH)$_3^-$ 组分的 Si—O 伸缩振动吸收峰，1650.1cm^{-1} 处特征峰为结晶水的吸收峰[98,99]。在蛇纹石的红外光谱中，3686.3cm^{-1} 对应的为蛇纹石结构中 Mg—OH 的外羟基振动；在 984.6cm^{-1} 处出现的吸收峰为蛇纹石 Si—O 的伸缩振动；580.0cm^{-1} 对应的为 MgO—H 的面内弯曲振动；443.6cm^{-1} 对应的为 Mg—O 的面内振动。

CMC 与蛇纹石作用后，蛇纹石红外谱图在 1588.7cm^{-1} 和 1664.9cm^{-1} 处出现了新的吸收峰，这是 CMC 的—COO$^-$ 在蛇纹石表面吸附的结果。在 CMC 的红外光谱中，—COO$^-$ 反对称伸缩振动是一个单峰，而吸附在蛇纹石表面后，峰的位置出现在 1664.9cm^{-1} 处，并在 1588.7cm^{-1} 处出现一个肩峰，这是由于 CMC 的羧基在蛇纹石表面有两种存在形式，1588.7cm^{-1} 处是和表面发生反应的羧基的吸收峰，1664.9cm^{-1} 处是未和蛇纹石表面发生反应的羧基的吸收峰。蛇纹石与 CMC 作用后，蛇纹石 580.0cm^{-1} 处 MgO—H 的面内弯曲振动吸收峰和 443.6cm^{-1} 处 Mg—O 的面内振动吸收峰均发生了位移，因此，除了静电吸引作用外，羧甲基纤维素还可以通过羧基和蛇纹石表面的镁发生化学反应而吸附在蛇纹石表面。

水玻璃与蛇纹石表面作用后，蛇纹石红外图谱在 1057.8cm^{-1} 和 1660.7cm^{-1} 处出现了新的吸收峰，这是水玻璃在蛇纹石表面吸附的结果。与水玻璃作用后，蛇纹石红外图谱中的 Mg—OH 振动峰强度没有发生变化，说明水玻璃没有与蛇纹石表面的镁发生作用；而蛇纹石红外谱图中 Si—O 特征峰出现偏移，984.6cm^{-1} 处伸缩振动峰移至 975.7cm^{-1} 处，可知水玻璃通过与蛇纹石表面的 Si 质点作用，进而吸附在蛇纹石表面。

CMC 的羧基在酸性 pH 值条件下主要以—COOH 形式存在，此时 CMC 不荷电，当溶液 pH 值升高时，羧基发生去质子反应，主要以 COO$^-$ 形式存在，因此，在 CMC 能够分散蛇纹石与黄铁矿混合矿，消除蛇纹石对黄铁矿浮选影响的碱性 pH 值区间，CMC 荷负电。水玻璃是一种黏稠的高浓度强碱性水溶液，在溶液中会发生水解和聚合反应，在水玻璃能够分散蛇纹石与黄铁矿混合矿，消除蛇纹石对黄铁矿浮选影响的 pH 值区间，水玻璃主要以荷负电的 SiO(OH)$_3^-$ 形式存在。荷负电的 CMC 和水玻璃在蛇纹石表面的吸附，会改变蛇纹石表面的阴阳离子比例，从而对蛇纹石的表面电性产生影响。图 2-73 所示为不同 pH 值条件下 CMC 和水玻璃对蛇纹石表面电性的影响。由图可知，CMC 和水玻璃在蛇纹石表面的吸附使蛇纹石表面电位发生负移。加入 CMC 和水玻璃后，蛇纹石的零电点 pH 值由 11.8 分别移动到 5.1 和 6。在 pH 值为 9 时，CMC 和水玻璃的吸附使蛇纹石表面荷负电，与黄铁矿表面电性相同，二者之间的静电吸引作用消失。

阴离子调整剂 CMC 和水玻璃在特定的 pH 值区间内荷负电，调整剂在蛇纹石表面吸附后，使蛇纹石表面电位发生变化。在硫化铜镍矿浮选常用的 pH 值区间，吸附有调整剂的蛇纹石表面荷负电，与黄铁矿表面电性相同，蛇纹石与黄铁

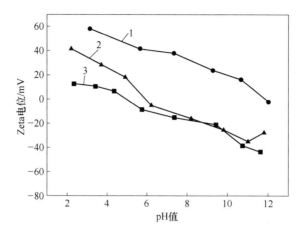

图 2-73　不同 pH 值条件下 CMC 和水玻璃对蛇纹石表面电位的影响
1—蛇纹石；2—蛇纹石+CMC；3—蛇纹石+水玻璃

矿之间的相互作用能由吸引变为排斥，异相凝聚作用消失，蛇纹石从黄铁矿表面脱附，不再抑制黄铁矿的浮选。

2.4.4　磷酸盐在黄铁矿与蛇纹石浮选分离中的作用机制

2.4.4.1　磷酸盐对黄铁矿与蛇纹石浮选分离的影响

磷酸盐是常用的硬水软水剂，品种繁多，用途广泛，在各个领域被广泛作为分散剂使用。研究认为磷酸盐能和所有的金属阳离子形成各种组成的配合物，一般来讲，碱金属磷酸盐能形成比较弱的配合作用，碱土金属磷酸盐能形成稍能离解的配合，而过渡金属磷酸盐则能形成很强的配合。

常用的磷酸盐与金属阳离子形成的络合物的稳定性为：正磷酸盐<<焦磷酸盐<三聚磷酸盐<四聚磷酸盐。磷酸盐阴离子对 Ca^{2+}、Mg^{2+}、Fe^{2+} 等金属离子有比较强的络合作用，可以将这些金属离子转化为可溶性的稳定络合物，一些磷酸盐对钙、镁、铁离子的络合能力见表 2-7[100]。由表可知，几种磷酸盐均对镁离子具有较强的络合能力，络合能力从大到小为：焦磷酸钠、三聚磷酸钠、四聚磷酸钠、六偏磷酸钠。

表 2-7　磷酸盐对钙、镁、铁离子的络合能力　　　　　　　（g/100g）

磷酸盐　　络合量　　离子	Ca^{2+}	Mg^{2+}	Fe^{2+}
焦磷酸钠	4.7	8.3	0.273

离子 络合量 磷酸盐	Ca²⁺	Mg²⁺	Fe²⁺
三聚磷酸钠	13.4	6.4	0.184
四聚磷酸钠	18.5	3.8	0.092
六偏磷酸钠	19.5	2.9	0.031

图 2-74 所示为 pH 值为 9 时磷酸盐用量对蛇纹石与黄铁矿人工混合矿凝聚分散行为的影响。由图可知，在 pH 值为 9 时，磷酸盐对混合矿具有明显的分散作用。磷酸盐用量越高，混合矿浊度值越高。四种磷酸盐的分散效果从大到小为：焦磷酸钠、三聚磷酸钠、六偏磷酸钠、三偏磷酸钠。使混合矿矿浆达到最大浊度值的磷酸盐用量分别为 30mg/L、30mg/L、20mg/L 和 50mg/L，进一步增加磷酸盐用量，混合矿的浊度值变化不大。

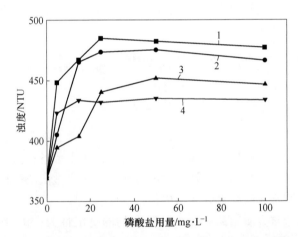

图 2-74   磷酸盐用量对蛇纹石与黄铁矿凝聚分散行为的影响
（pH 值为 9，蛇纹石 1g/L，黄铁矿 10g/L）
1—焦磷酸钠；2—三聚磷酸钠；3—六偏磷酸钠；4—三偏磷酸钠

图 2-75 所示为 pH 值为 9 时不同磷酸盐的用量对被蛇纹石抑制的黄铁矿浮选回收率的影响。由图可知，磷酸盐能够消除蛇纹石对黄铁矿的抑制作用，随磷酸盐用量增加，黄铁矿浮选回收率升高。当用量为 20mg/L 时，几种磷酸盐均使黄铁矿浮选回收率达到最大值，再增加磷酸盐用量，黄铁矿浮选回收率变化不大。图中结果还表明，当磷酸盐用量低于 20mg/L 时，六偏磷酸钠作用效果最好而三偏磷酸钠效果最差，焦磷酸钠和三聚磷酸钠作用效果介于六偏磷酸钠和三偏磷酸钠之间且相差不大；当用量高于 20mg/L 时，几种磷酸盐的作用效果差别不大。

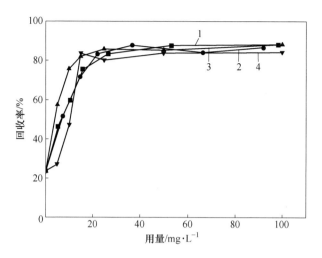

图 2-75　磷酸盐对被蛇纹石抑制的黄铁矿浮选的影响
（pH 值为 9，蛇纹石 2.5g/L，黄铁矿 50g/L）
1—焦磷酸钠；2—三聚磷酸钠；3—六偏磷酸钠；4—三偏磷酸钠

　　图 2-76 所示为不同 pH 值条件下磷酸盐对被蛇纹石抑制的黄铁矿浮选的影响。由图可知，酸性 pH 值条件下蛇纹石不影响黄铁矿的浮选，磷酸盐的加入也不会影响黄铁矿的浮选，黄铁矿具有较高的浮选回收率。随 pH 值升高，蛇纹石的存在降低了黄铁矿的浮选回收率，而磷酸盐的加入能够消除蛇纹石对黄铁矿浮选的影响，在 pH 值小于 10.5 的范围内四种磷酸盐均使黄铁矿具有较好的可浮性。

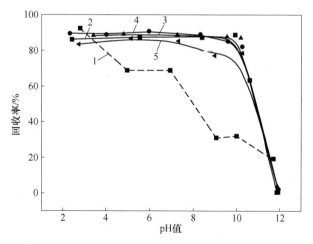

图 2-76　不同 pH 值条件下磷酸盐对被蛇纹石抑制的黄铁矿浮选的影响
（磷酸盐用量 25mg/L，蛇纹石 2.5g/L，黄铁矿 50g/L）
1—黄铁矿+蛇纹石；2—黄铁矿+蛇纹石+焦磷酸钠；3—黄铁矿+蛇纹石+三聚磷酸钠；
4—黄铁矿+蛇纹石+六偏磷酸钠；5—黄铁矿+蛇纹石+三偏磷酸钠

2.4.4.2　磷酸盐作用下蛇纹石表面电性变化机制

表 2-8 所示为加入四种磷酸盐后，由蛇纹石表面溶出进入溶液的镁离子浓度。由表可知，加入四种磷酸盐后，蛇纹石表面溶出进入溶液的镁离子浓度显著增加。与磷酸盐络合镁离子的能力相符，焦磷酸钠作用后蛇纹石表面溶出的镁离子浓度最高，达到 27.17mg/L；三偏磷酸钠作用后蛇纹石表面溶出的镁离子浓度最低，为 12.74mg/L；三聚磷酸钠和六偏磷酸钠作用后溶出的镁离子浓度介于二者之间。

表 2-8　磷酸盐对蛇纹石表面镁离子溶出的影响

加入药剂（加入量）	溶出 Mg^{2+} 浓度/mg · L^{-1}
原液	1.27
焦磷酸钠（100mg/L）	27.17
三聚磷酸钠（100mg/L）	22.74
六偏磷酸钠（100mg/L）	25.06
三偏磷酸钠（100mg/L）	12.74

磷酸盐与蛇纹石表面镁离子发生络合反应后，部分磷酸盐与镁离子生成可溶性络合物进入溶液，其余的磷酸盐则吸附在蛇纹石表面。使用残余浓度法研究了磷酸盐在蛇纹石表面的吸附量。表 2-9 所示为固定加入量为 100mg/L 时，四种磷酸盐在蛇纹石表面的吸附量。由表可知，四种磷酸盐均在蛇纹石表面发生了吸附，吸附量从大到小的顺序为：六偏磷酸钠、三偏磷酸钠、焦磷酸钠、三聚磷酸钠。

表 2-9　磷酸盐在蛇纹石表面的吸附量

加入药剂（加入量）	吸附量/mg · L^{-1}
焦磷酸钠（100mg/L）	58.5
三聚磷酸钠（100mg/L）	52.6
六偏磷酸钠（100mg/L）	67.3
三偏磷酸钠（100mg/L）	66.8

使用红外光谱研究了磷酸盐在蛇纹石表面的吸附机理。蛇纹石与磷酸盐作用前后的红外光谱如图 2-77 所示。四种磷酸盐的链长从低到高依次为焦磷酸钠、三聚磷酸钠、六偏磷酸钠和三偏磷酸钠。由磷酸盐的红外光谱可知：焦磷酸钠、三聚磷酸钠和六偏磷酸钠的红外光谱在 900cm^{-1} 附近存在对应于 POP 的伸缩振动吸收峰，其频率随磷酸盐链长增加而降低；四种磷酸盐在 1100~1190cm^{-1} 区域存

在的吸收峰对应于末端的 PO_3 伸缩振动；三偏磷酸钠、三聚磷酸钠和六偏磷酸钠在 $1200\sim1270cm^{-1}$ 区域存在的吸收峰对应于 PO_2 的伸缩振动，其频率随链长增加而增加，而焦磷酸钠在该区域不存在吸收峰[101]。

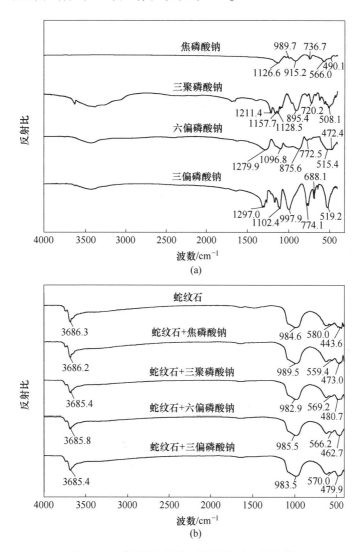

图 2-77 磷酸盐与蛇纹石作用前后红外光谱

（a）磷酸盐与蛇纹石作用前的红外光谱；（b）磷酸盐与蛇纹石作用后的红外光谱

在蛇纹石的红外光谱中，$3686.3cm^{-1}$ 对应的是蛇纹石结构中 Mg—OH 的外羟基振动；在 $984.6cm^{-1}$ 处出现的吸收峰为蛇纹石 Si—O 的伸缩振动；$580.0cm^{-1}$ 对应的为 MgO—H 的面内弯曲振动；$443.6cm^{-1}$ 对应的为 Mg—O 的面内振动。与磷酸盐作用后，蛇纹石红外图谱中的 Mg—OH 振动峰强度减弱，说明磷酸盐使蛇纹石的镁氧八面体层遭到破坏, 峰强度减弱。同时, 蛇纹石 $443.6cm^{-1}$ 处的 Mg—O 的红外光谱峰值发生明显偏移, 说明所研究的四种磷酸盐均在蛇纹石表面发生了吸附, 且主要通过与蛇纹石表面的镁离子作用发生吸附, 因此磷酸盐的吸附属于化学吸附作用[102~104]。

图 2-78 所示为几种磷酸盐的组分-pH 值图。由图可知, 磷酸盐在不同的 pH 值区间内以不同的组分存在。如六偏磷酸钠在 7~12 的 pH 值区间内主要以 HPO_4^{2-} 形式存在, 而在 2~7 的 pH 值区间内主要以 $H_2PO_4^-$ 形式存在。在磷酸盐能够分散蛇纹石与黄铁矿混合矿, 消除蛇纹石对黄铁矿抑制作用的 pH 值区间内, 六偏磷酸钠、三偏磷酸钠、三聚磷酸钠和焦磷酸钠的优势组分分别为 $H_2PO_4^-$、$P_3O_9^{3-}$、$HP_3O_{10}^{4-}$ 及 $HP_2O_7^{3-}$, 均为荷负电组分。

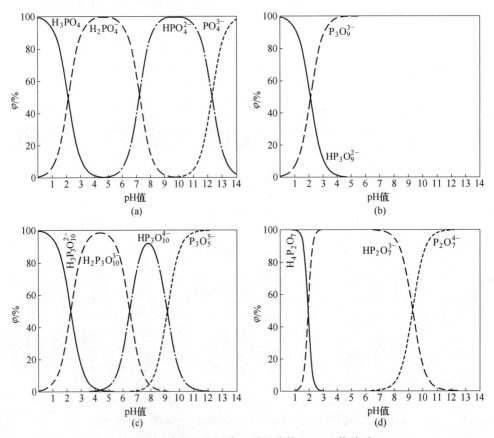

图 2-78   磷酸盐的组分 (质量分数) φ-pH 值关系

(a) 六偏磷酸钠; (b) 三偏磷酸钠; (c) 三聚磷酸钠; (d) 焦磷酸钠

荷负电的磷酸盐组分在蛇纹石表面的吸附以及蛇纹石表面荷正电的镁离子的溶出, 必然会改变蛇纹石表面的阴阳离子比例, 引起蛇纹石表面电位的变化。图

2-79 所示为加入四种磷酸盐后蛇纹石表面电位随 pH 值的变化。由图可知，蛇纹石的零电点 pH 值为 11.8，在 pH 值小于 11.8 时蛇纹石表面荷正电。25mg/L 磷酸盐的加入使蛇纹石表面电位发生了明显变化，零电点 pH 值向酸性 pH 值区间移动。加入磷酸盐后蛇纹石表面在试验所研究的广泛 pH 值区间内荷负电，四种磷酸盐使蛇纹石表面电位变负的程度从大到小依次为六偏磷酸钠、三聚磷酸钠、焦磷酸钠、三偏磷酸钠。在 pH 值为 9 时，加入四种磷酸盐后蛇纹石表面电位分别变为-52.6mV、-32.3mV、-25.4mV、-17.2mV，蛇纹石与黄铁矿表面电性由相反变为相同，静电吸引作用消失，蛇纹石将不再附着在黄铁矿表面。

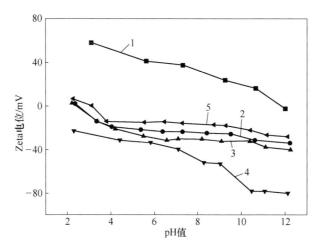

图 2-79　不同 pH 值条件下磷酸盐对蛇纹石表面电位的影响

1—蛇纹石；2—蛇纹石+焦磷酸钠；3—蛇纹石+三聚磷酸钠；
4—蛇纹石+六偏磷酸钠；5—蛇纹石+三偏磷酸钠

　　磷酸盐对钙镁离子具有较强的络合能力，因此磷酸盐能与蛇纹石表面的镁离子发生络合反应，部分磷酸盐和镁离子形成可溶性络合物进入溶液，而部分荷负电的磷酸盐组分则吸附在蛇纹石表面，镁离子的溶出和磷酸盐组分的吸附改变了蛇纹石的表面电位。在硫化铜镍矿浮选常用的弱碱性 pH 值区间，蛇纹石与黄铁矿表面电性变得相同，不会发生异相凝聚。因此，磷酸盐的加入能够消除蛇纹石对黄铁矿浮选的抑制作用，改善黄铁矿的浮选。

2.4.4.3　影响六偏磷酸钠作用效果的因素

　　在简单的纯矿物浮选体系中，调整剂能够调控蛇纹石的表面性质，分散蛇纹石与黄铁矿混合矿，提高被蛇纹石抑制的黄铁矿的浮选回收率，其中六偏磷酸钠作用效果最佳。在实际浮选过程中，由于使用回水以及矿石中存在大量的可溶性矿物，矿浆中不可避免地存在大量离子，可能对调整剂的作用效果产生影响。因此，以六偏磷酸钠为研究对象考察了矿浆环境对六偏磷酸钠作用效果的影响。

表 2-10 所示为某硫化铜镍矿矿浆中存在的离子的种类及含量。由表可知，由于含镁硅酸盐脉石的溶解以及硫化矿物的氧化溶出，矿浆水中含有较多的镁和硫，而其他组分含量较低。矿浆中存在的各种组分可能会与矿物及六偏磷酸钠发生作用，影响六偏磷酸钠在蛇纹石与黄铁矿浮选分离中的作用效果。

表 2-10   某含蛇纹石的硫化铜镍矿矿浆中的离子种类及浓度

离子种类	Mg	Fe	Ni	Cu	Zn	Pb	Al	Ti	S	P
浓度/mg·L^{-1}	81	3.47	0.49	0.23	0.69	0.78	0.79	0.13	1064	0.67

分别以去离子水和硫化铜镍矿矿浆水作为浮选介质，研究不同浮选介质中六偏磷酸钠对被蛇纹石抑制的黄铁矿浮选的影响，结果如图 2-80 所示。由图可知，矿浆水中存在的离子不会干扰六偏磷酸钠的作用效果。在去离子水以及矿浆水两种浮选介质中，随六偏磷酸钠用量增加，被蛇纹石抑制的黄铁矿浮选回收率均升高。在相同的六偏磷酸钠用量下，两种浮选介质中黄铁矿浮选回收率差别不大。

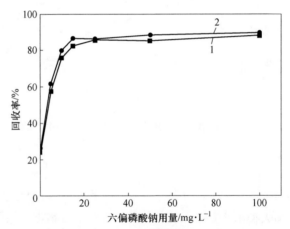

图 2-80   矿浆水对六偏磷酸钠作用效果的影响

(pH 值为 9，蛇纹石 2.5g/L，黄铁矿 50g/L)

1—去离子水；2—矿浆水

Mcquie 发现六偏磷酸钠在蛇纹石含量较高的硫化铜镍矿浮选中作用效果较差。他认为矿浆中大量存在的钙镁离子与六偏磷酸钠的络合反应会消耗大量的六偏磷酸钠，使六偏磷酸钠无法有效分散蛇纹石与硫化矿物，这是六偏磷酸钠在硫化铜镍矿实际矿石浮选中作用效果较差的主要原因[105]。六偏磷酸钠与镁离子的络合反应式可以表示为：

$$Na_4P_6O_{18}^{2-} + Mg^{2+} \Longrightarrow MgNa_4P_6O_{18} \qquad (2\text{-}13)$$

因此，络合 1mg/L 的镁离子需要 25.5mg/L 的六偏磷酸钠。由表 2-10 可知，某含蛇纹石的硫化铜镍矿的矿浆水中含有 81mg/L 的镁离子，络合这些镁离子将消耗 2065mg/L 的六偏磷酸钠。而图 2-80 的结果表明，使用含蛇纹石的硫化铜镍矿的矿浆水作为浮选介质时，20mg/L 的六偏磷酸钠就消除了蛇纹石对黄铁矿的抑制作用，使黄铁矿的浮选回收率达到最高值。因此，矿浆中存在的离子不是干扰六偏磷酸钠作用效果的主要原因。

吸附试验表明与蛇纹石表面的镁离子发生络合反应后部分六偏磷酸钠能够吸附在蛇纹石表面。某硫化铜镍矿矿石中蛇纹石含量高达 46.45%，但只有少量的蛇纹石附着在硫化矿物表面。矿浆中存在的蛇纹石将吸附大量的六偏磷酸钠，使能够用于脱附硫化矿物表面附着蛇纹石的有效六偏磷酸钠浓度降低。将固定浓度的六偏磷酸钠和不同粒度的蛇纹石颗粒调浆作用后，离心脱除蛇纹石颗粒，使用脱除蛇纹石颗粒的上清液作为浮选药剂来源，研究六偏磷酸钠在不同粒度蛇纹石颗粒表面的吸附量及六偏磷酸钠与不同粒度蛇纹石颗粒作用后对被蛇纹石抑制的黄铁矿浮选的影响。

表 2-11 所示为六偏磷酸钠在不同粒度蛇纹石颗粒表面的吸附量随加入量的变化。由表可知，六偏磷酸钠在蛇纹石表面发生了吸附，随加入量增加，六偏磷酸钠在蛇纹石表面吸附量增加；蛇纹石颗粒粒度越细，六偏磷酸钠吸附量也越高。

表 2-11 六偏磷酸钠在不同粒度蛇纹石表面的吸附量

六偏磷酸钠加入量 /mg·L^{-1}	$-10\mu m$ 蛇纹石	$-74\mu m+37\mu m$ 蛇纹石	$-150\mu m+74\mu m$ 蛇纹石
50	46.51	18.25	8.21
100	67.26	26.92	13.67
200	86.22	42.61	28.64

图 2-81 所示为六偏磷酸钠与三种粒度的蛇纹石颗粒作用后对被蛇纹石抑制的黄铁矿浮选的影响。由图可知，六偏磷酸钠存在时，随混合矿体系中蛇纹石用量增加，黄铁矿回收率变化不大，说明六偏磷酸钠消除了蛇纹石对黄铁矿的抑制作用。将六偏磷酸钠与不同粒度的蛇纹石混合调浆后，六偏磷酸钠对蛇纹石黄铁矿混合矿的分散作用效果减弱了，随混合矿体系中蛇纹石用量增加，黄铁矿浮选回收率降低。与六偏磷酸钠混合调浆的蛇纹石粒度越细，六偏磷酸钠分散蛇纹石与黄铁矿混合矿的效果越差，黄铁矿浮选回收率越低。

蛇纹石在硫化矿物表面的附着降低了硫化矿物的浮选回收率，同时附着在硫化矿物表面的蛇纹石随硫化矿物进入浮选精矿，会降低精矿品位。调整剂能够与蛇纹石发生作用，改变蛇纹石表面的阴阳离子比例，消除蛇纹石对黄铁矿浮选的影响。然而浮选体系中蛇纹石含量较高时，调整剂用量大，对混合矿分散效果

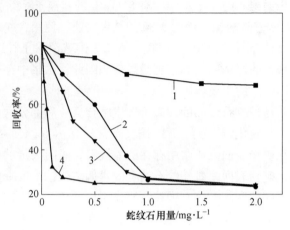

图 2-81   不同粒度蛇纹石对六偏磷酸钠作用效果的影响

(PAX 用量 $1×10^{-4}$ mol/L，MIBC 用量 $1×10^{-4}$ mol/L，六偏磷酸钠用量 50mg/L)

1—黄铁矿+蛇纹石+六偏磷酸钠；2—六偏磷酸钠与$-150\mu m+74\mu m$蛇纹石作用；

3—六偏磷酸钠与$-74\mu m+37\mu m$蛇纹石作用；4—六偏磷酸钠与$-10\mu m$蛇纹石作用

差。因此，调整剂更适用于蛇纹石含量低的浮选体系。

2.5 含蛇纹石的硫化铜镍矿的选矿实践

金川镍矿是我国主要的镍生产基地[106]，年处理矿石达 1000 万吨，因此，提高金川镍矿的选矿回收率对提高企业的经济效益十分重要。金川硫化铜镍矿的浮选问题一直是公认的世界级选矿难题，造成金川硫化铜镍矿浮选困难的主要原因是：金川硫化铜镍矿资源赋存于基性岩-超基性岩（橄榄岩）岩体[107]，该类型资源中，除镍黄铁矿、黄铜矿等少量有用硫化矿物外，主要矿物为脉石矿物蛇纹石，蛇纹石质软，在浮选过程中容易泥化。蛇纹石矿泥与硫化矿物表面电性相反，容易发生异相凝聚，使硫化矿物浮选回收率下降；附着在硫化矿物表面的蛇纹石矿泥随硫化矿物进入浮选精矿，还会降低精矿品位。因此，若使我国硫化镍资源的综合利用水平有质的飞跃，必须寻找办法消除蛇纹石对硫化矿物浮选的影响，提高硫化矿物与蛇纹石的分离效率。

2.5.1 粗选强化浮选技术

考察了几种矿泥脱附方法及其组合对镍矿物浮选回收率的影响，以强化硫化矿物的浮选，提高镍矿物的浮选回收率。

在磨矿细度-0.074mm 占 65%的条件下，进行了几种矿泥脱附方法的对比试验，试验流程和试验条件如图 2-82 所示，试验结果见表 2-12，所有结果均为该脱附方法作用下的最佳结果。从试验结果可以看出，未进行矿泥脱附处理时，粗精矿镍回收率较低，经过15min的浮选，镍回收率只有65.8%。高强度调浆、超声波预处理、六偏磷酸钠分散三种矿泥脱附方法作用下，镍回收率分别提高23.93%、20.6%、12.62%。水玻璃分散作用下，镍浮选回收率变化不大。

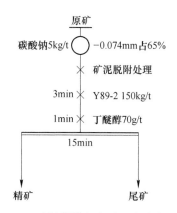

图 2-82　矿泥脱附方法对比试验流程图

表 2-12　矿泥脱附方法对比试验结果　　　　　　　　（%）

矿泥脱附方法	产品名称	产率	Ni 品位	Ni 回收率
未处理	精矿	19.29	4.67	65.80
	尾矿	80.71	0.58	34.20
	原矿	100.00	1.37	100.00
调浆强度 2800r/min 调浆时间 40min	精矿	31.29	4.03	89.73
	尾矿	68.71	0.21	10.27
	原矿	100.00	1.41	100.00
超声功率 150W 超声时间 40min	精矿	27.08	4.48	86.04
	尾矿	72.92	0.27	13.96
	原矿	100.00	1.41	100.00
水玻璃 5kg/t	精矿	17.22	5.45	65.77
	尾矿	82.78	0.59	34.23
	原矿	100	1.43	100.00
六偏磷酸钠 10kg/t	精矿	24.83	4.51	78.42
	尾矿	75.17	0.41	21.58
	原矿	100	1.43	100.00

2.5.2　精选强化分散技术

蛇纹石是一种亲水的硅酸盐脉石，主要通过异相凝聚作用附着在硫化矿物表面，随硫化矿物一起进入浮选精矿。高强度调浆可以脱附硫化矿物表面附着的粒度较粗的蛇纹石矿泥，提高选矿回收率，但无法脱附粒度较细的蛇纹石矿泥，这部分矿泥进入浮选精矿，会影响精矿品位。六偏磷酸钠等调整剂可以调控蛇纹石表面电性，对硫化矿物表面附着的细颗粒蛇纹石具有较好的脱附效果。

　　分别以六偏磷酸钠、CMC 和水玻璃作为精选分散剂，进行精选试验。试验流程和试验条件如图 2-83 所示，试验结果见表 2-13。

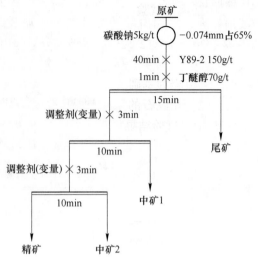

图 2-83　精选调整剂对比试验流程图

表 2-13　精选调整剂对比试验结果　　　　　（%）

药剂用量	产品名称	产率	Ni 品位	Ni 回收率	MgO 含量
未加	精矿	13.78	6.89	70.31	5.97
	中矿 2	2.56	2.93	5.56	
	精选 1 精矿	16.34	6.27	75.87	
	中矿 1	14.96	1.03	11.41	
	尾矿	68.70	0.25	12.72	
	原矿	100.00	1.35	100.00	
CMC 1kg/t+0.5kg/t	精矿	16.12	6.47	74.50	5.62
	中矿 2	3.01	2.66	5.62	
	精选 1 精矿	19.13	5.87	80.12	
	中矿 1	11.91	0.95	8.07	
	尾矿	68.96	0.24	11.81	
	原矿	100.00	1.40	100.00	
水玻璃 1kg/t+0.5kg/t	精矿	13.78	6.68	69.27	5.25
	中矿 2	2.89	3.79	8.23	
	精选 1 精矿	16.67	6.18	77.50	
	中矿 1	14.00	0.89	9.38	
	尾矿	69.33	0.25	13.12	
	原矿	100.00	1.438	100.00	
六偏磷酸钠 1kg/t+0.5kg/t	精矿	13.72	7.34	71.42	4.83
	中矿 2	3.33	3.09	7.41	
	精选 1 精矿	17.05	6.51	78.83	
	中矿 1	11.93	1.01	8.56	
	尾矿	71.02	0.25	12.61	
	原矿	100.00	1.41	100.00	

2.5.3 闭路流程试验

几十年来，金川集团公司选矿厂不断改造优化工艺流程，形成了适合金川矿石特性的"阶段磨矿、阶段选别"的工艺流程[108]，取得了较好的选别效果。以现场工艺流程为基础，粗选通过高强度调浆方法强化硫化矿物的浮选，精选使用调整剂强化蛇纹石的分散，进行了全流程闭路实验，试验流程和试验条件如图 2-84 所示，试验结果见表 2-14。

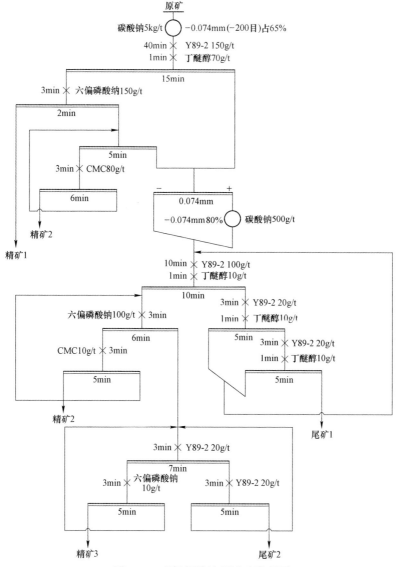

图 2-84　现场闭路流程试验流程图

表 2-14　现场闭路流程试验结果　　　　　　　　(%)

一段粗选调浆时间/min	产品名称	产率	品位		回收率		MgO
			Ni	Cu	Ni	Cu	
3	精矿1	8.78	7.74	5.93	50.93	52.20	5.05
	精矿2	3.36	6.72	4.08	16.92	13.74	6.38
	精矿3	4.86	4.61	2.43	16.79	11.84	8.25
	合计精矿	17.00	6.64	4.56	84.64	77.79	6.23
	尾矿1	68.67	0.24	0.26	12.35	17.90	
	尾矿2	14.33	0.28	0.30	3.01	4.31	
	合计尾矿	83.00	0.25	0.27	15.36	22.21	
	原矿	100.00	1.33	1.00	100.00	100.00	
40	精矿1	9.58	7.76	6.05	54.58	57.36	5.13
	精矿2	3.92	6.37	3.46	18.33	13.42	6.52
	精矿3	4.15	4.51	2.14	13.74	8.79	8.15
	合计精矿	17.65	6.69	4.56	86.66	79.57	6.20
	尾矿1	67.78	0.21	0.24	10.45	16.10	
	尾矿2	14.57	0.27	0.3	2.89	4.33	
	合计尾矿	82.35	0.22	0.255	13.34	20.43	
	原矿	100.00	1.36	1.01	100.00	100.00	

　　试验结果表明，在现场工艺流程的基础上，一段粗选通过高强度调浆脱附硫化矿物表面附着的粗颗粒蛇纹石，精选作业通过调整剂强化硫化矿物表面附着的细颗粒蛇纹石的脱附，使选别指标得到明显提高，总回收率 Ni 提高 2.02%，Cu 提高 1.78%。

3 含滑石的硫化铜镍矿的选矿

滑石也是硫化铜镍矿石中常见的含镁硅酸盐脉石矿物,本章选用黄铜矿作为硫化矿物的代表,讲述硫化矿物与滑石的分离行为及机理。

3.1 滑石的性质特征

3.1.1 滑石的性质

滑石是已知最软的矿物,硬度为1,相对密度为 $2.58 \sim 2.83 g/cm^3$,条痕色为白色。片状集合体的解理面上呈珍珠光泽,块状滑石的解离面上呈脂肪光泽,手摸有滑润感,无吸湿性,放入水中不崩散,无臭味,导电导热性能差。滑石被广泛应用于瓷器、医疗、化工等诸多领域。滑石化学式为 $Mg_3[Si_4O_{10}](OH)_2$,MgO 的理论品位可达31.7%。滑石中的 Mg^{2+} 可被不同金属离子替代,如镍滑石($Ni_3[Si_4O_{10}](OH)_2$)、铁滑石($Fe_3[Si_4O_{10}](OH)_2$)等[109]。

3.1.2 滑石的晶体结构

滑石是(TOT型)2:1型非极性层状构造,化学分子式为 $Mg_3[Si_4O_{10}](OH)_2$,滑石以氧化物表示为 $3MgO \cdot 4SiO_2 \cdot H_2O$,其晶体结构如图 3-1[110]所示。滑石的晶体结构中有两层硅氧四面体,活性氧相对排列在硅氧四面体间,—OH 则在硅氧四面体网格中心,与活性氧处于同一水平,硅氧四面体间经 1 层"氢氧镁石"层而相连,形成双层,层与层间的链接经弱的范德华力而形成[89,111]。滑石晶体中的硅氧

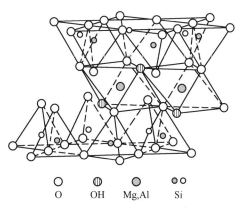

○ O　◐ OH　● Mg,Al　○○ Si

图 3-1　滑石晶体结构图

四面体构成了解离面,—Si—O—Si—是构成这些面的基本单元,无极性,天然疏水。

滑石端面的能量较其他面高是由于在磨矿过程中，其端面化学键断裂而生成 SiOH 和 MgOH，且滑石棱边暴露 O^{2-} 及 Si^{4+}，对羟基有较好的键合能力，在 pH 值为 2~13 之间，滑石荷负电[112]。由于滑石层间分子力弱，解理后以层面为主，具有疏水性[113,114]。有研究表明，滑石的疏水性并不随 pH 值变化而变化[115]。

3.2　滑石对硫化矿物浮选的影响

含滑石的硫化铜镍矿是一种复杂难选的矿石，特别是具有品位低、嵌布粒度细的特征的一类矿石。该类矿石回收难点有：硫化铜镍矿物与滑石均具有良好的疏水性；硫化矿物表面易被氧化，其疏水性减弱，分离效果降低；滑石较难抑制，严重影响铜镍精矿品位；矿浆中一些金属离子（Ca^{2+}、Mg^{2+} 等）影响浮选环境；高镁易泥化脉石矿物含量大，恶化浮选环境，消耗浮选药剂较严重，对浮选大为不利。目前有三种提高含滑石的硫化铜镍矿选矿指标的途径：（1）预先脱除较好浮的滑石，减少滑石在浮选流程中的循环；（2）加入高效选择性抑制剂抑制滑石浮黄铜矿，CMC、古尔胶是浮选中常用的滑石的有效抑制剂；（3）先让其浮入铜镍精矿中，然后用酸法除去。工业上常用第二种工艺。

以黄铜矿为硫化矿物代表，用丁基黄药作捕收剂，2 号油作起泡剂，研究了黄铜矿和滑石两种单矿物的基本浮选行为，二者混合矿的浮选分离行为及高分子抑制剂对黄铜矿和滑石浮选行为的影响。

如图 3-2 所示为丁基黄药用量为 1×10^{-4}mol/L、2 号油用量为 10mg/L 的条件下，pH 值对黄铜矿和滑石单矿物浮选行为的影响。结果表明，黄铜矿和滑石在

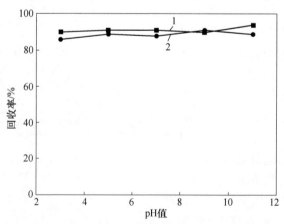

图 3-2　pH 值对黄铜矿、滑石单矿物浮选的影响

（丁基黄药用量 1×10^{-4}mol/L，2 号油用量 10mg/L）

1—黄铜矿；2—滑石

广泛 pH 值范围内均表现出良好的可浮性，两者回收率都在 85.00% 以上，pH 值对两者的可浮性影响甚小，无法通过改变 pH 值来实现黄铜矿和滑石的浮选分离。

图 3-3 所示是在 pH 值为 7，2 号油用量为 10mg/L 条件下，丁基黄药用量对黄铜矿和滑石浮选的影响。由图 3-3 可知，当丁基黄药用量从 0 增加至 $1×10^{-4}$mol/L 时，黄铜矿的回收率不断上升；当丁基黄药用量达到 $1×10^{-4}$mol/L 时，黄铜矿的回收率不再上升；说明当丁基黄药用量达 $1×10^{-4}$mol/L 时，丁基黄药在黄铜矿表面的吸附已基本达到饱和状态。与黄铜矿不同，滑石具有天然疏水性，仅添加起泡剂便能使其上浮，丁基黄药用量几乎对滑石的浮选没有影响。

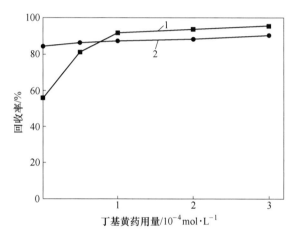

图 3-3　捕收剂用量对黄铜矿、滑石单矿物浮选的影响

(pH 值为 7，2 号油用量 10mg/L)

1—黄铜矿；2—滑石

图 3-4 是在 pH 值为 7、丁基黄药用量为 $1×10^{-4}$mol/L、2 号油用量为 10mg/L 的条件下，不同含量的黄铜矿与滑石混合矿（总 2g）的浮选行为。浮选试验结果表明，随着滑石含量的增大，两者都能表现出良好的可浮性，混合矿的产率基本与两种矿物单独浮选时的产率之和接近，滑石的含量对黄铜矿的浮选不产生影响。

图 3-5 是 pH 值对黄铜矿滑石混合矿（各占 1g）浮选行为的影响。结果表明，pH 值的变化几乎没有对两者混合矿的浮选行为产生影响。

图 3-6 所示为在 pH 值为 7 条件下，丁基黄药用量对黄铜矿和滑石混合矿（各 1g）浮选行为的影响。结果表明，随着丁基黄药用量从 0 增加至 $1×10^{-4}$mol/L，混合矿的回收率上升，当丁基黄药用量超过 $1×10^{-4}$mol/L 时，混合矿的产率不再上升，这可能是丁基黄药用量从 0 增加到 $1×10^{-4}$mol/L 时，黄铜矿的可浮性不断增强，而滑石始终表现出良好的可浮性。

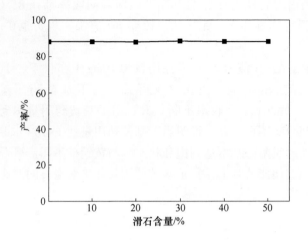

图 3-4　滑石含量对黄铜矿浮选行为的影响

（pH 值为 7；丁基黄药用量为 1×10^{-4} mol/L；2 号油用量 10mg/L）

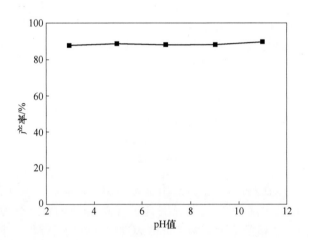

图 3-5　pH 值对黄铜矿与滑石混合矿浮选的影响

（丁基黄药用量 1×10^{-4} mol/L，2 号油用量 10mg/L）

　　根据以上浮选试验可知，在广泛 pH 值范围内，黄铜矿和滑石表现出良好的天然可浮性，黄铜矿和滑石的浮选回收率均大于 85%，无法通过调节 pH 值和捕收剂用量来实现黄铜矿与滑石的浮选分离。对于黄铜矿和滑石的混合矿浮选，滑石的含量多少对黄铜矿的浮选基本无影响，故仍需添加高效的选择性抑制剂来实现滑石与硫化矿的浮选分离。

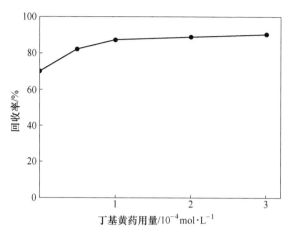

图 3-6 丁基黄药用量对黄铜矿与滑石混合矿浮选的影响

(pH 值为 7，2 号油用量 10mg/L)

3.3 高分子抑制剂对硫化矿和滑石的抑制作用

滑石因具有良好的可浮性而易伴随硫化矿浮入精矿中，所以要找到具有良好选择性的高效抑制剂，通过抑制滑石来提高硫化矿的品位。

3.3.1 胶类抑制剂对黄铜矿和滑石浮选行为的影响

刺槐豆胶又名槐豆胶，是一种白色略带黄色的粉末或颗粒，是由刺槐植物种子的胚乳部分，经焙炒→热水抽提→除杂→浓缩→干燥→粉碎而成的高分子有机化合物，其水溶液透明度良好，黏度大，与 CMC 组合使用后效果更佳，可作为增稠剂、凝黏剂、胶黏剂，常用于食品、石油、纺织、造纸、炸药等领域，在有色金属选矿领域研究较少，其分子结构如图 3-7 所示。

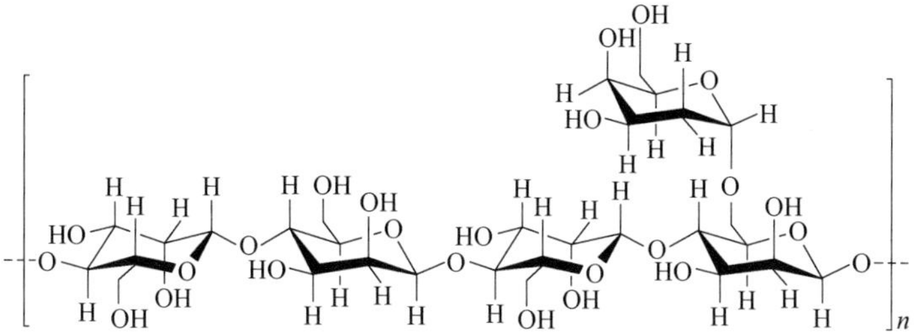

图 3-7 刺槐豆胶分子结构式

图 3-8 所示为 pH 值 7 时，刺槐豆胶用量对黄铜矿及滑石浮选行为的影响。由图可知，刺槐豆胶用量对黄铜矿和滑石的浮选都有影响。黄铜矿的浮选回收率随刺槐豆胶用量的增加而不断降低，且降低较缓慢。刺槐豆胶在低用量时便能强

烈抑制滑石，其用量达 100mg/L 时，滑石几乎被完全抑制。图中结果表明，刺槐豆胶在低用量时可能实现黄铜矿与滑石浮选的有效分离。

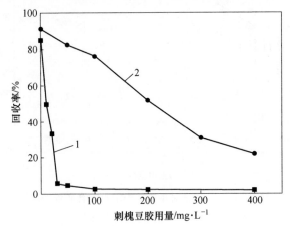

图 3-8   刺槐豆胶用量对黄铜矿及滑石浮选的影响

（丁基黄药用量 1×10⁻⁴mol/L，2 号油用量 10mg/L；pH 值为 7）

1—滑石；2—黄铜矿

图 3-9 所示为刺槐豆胶用量为 100mg/L 时，pH 值对黄铜矿和滑石的浮选行为的影响。由图可知，在刺槐豆胶作用下，pH 值对黄铜矿和滑石的浮选回收率均有影响。在中性及接近中性 pH 值区域内，刺槐豆胶对黄铜矿抑制较弱；在强酸性和强碱性区域内，刺槐豆胶对黄铜矿的抑制较强。而刺槐豆胶对滑石的抑制受 pH 值影响较小，在研究 pH 值范围内，滑石回收率均很低。图中结果表明，在中性及接近中性 pH 值区域，通过添加刺槐豆胶可能实现黄铜矿与滑石的浮选分离。

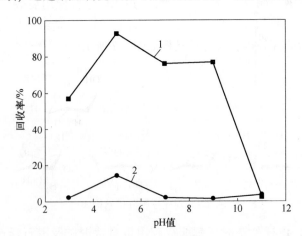

图 3-9   不同 pH 值下刺槐豆胶对黄铜矿及滑石浮选的影响

（丁基黄药用量 1×10⁻⁴mol/L，2 号油用量 10mg/L，刺槐豆胶用量 100mg/L）

1—黄铜矿；2—滑石

　　由单矿物浮选试验结果可知，在中性 pH 值、低用量刺槐豆胶下，可能实现黄铜矿和滑石的浮选分离，为此，在 pH 值为 7、刺槐豆胶用量为 40mg/L 的条件下做了混合矿浮选试验，试验结果见表 3-1。由表可知，在此条件下，能够获得铜精矿中铜回收率为 88.06%、铜品位为 30.10% 的优良指标。可知刺槐豆胶在中性条件下对滑石具有良好的选择性抑制，可以实现黄铜矿与滑石的高效分离。

表 3-1　刺槐豆胶混合矿浮选试验结果　　　　（%）

条　件	产　品	产　率	品位（Cu）	回收率（Cu）
刺槐豆胶 40mg/L pH 值为 7	精矿	44.33	30.10	88.06
	尾矿	55.67	3.25	11.94
	原矿	100.00	15.15	100.00

　　黄薯树胶为一种白色或黄白色的粉末，是豆科植物西黄薯胶树的干枝被割伤后渗出的树胶经干燥而得的；溶于水后形成黏性较大的胶状溶液，常作为润滑剂、助悬剂、黏合剂及乳化剂等。如图 3-10 所示为 pH 值为 7 时，黄薯树胶用量对黄铜矿及滑石浮选行为的影响。由图可知，黄薯树胶用量对黄铜矿的浮选影响较小，而对滑石的浮选影响非常明显。黄薯树胶在低用量时对黄铜矿的浮选基本没有影响，高用量时对黄铜矿有微弱的抑制作用；黄薯树胶在低用量时就能较强烈抑制滑石，其用量达 100mg/L 后，滑石的浮选回收率达到最小。图中结果表明，在 pH 值为 7，黄薯树胶用量 100mg/L 时，滑石被强烈抑制，而黄铜矿依然表现出良好的可浮性，可能实现两者有效的浮选分离。

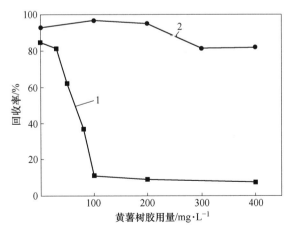

图 3-10　黄薯树胶用量对黄铜矿及滑石浮选的影响

（丁基黄药用量 $1×10^{-4}$ mol/L，2 号油用量 10mg/L，pH 值为 7）

1—滑石；2—黄铜矿

如图 3-11 所示为黄薯树胶用量为 100mg/L 时，pH 值对黄铜矿及滑石浮选行为的影响。由图可知，在黄薯树胶作用下，pH 值对黄铜矿的浮选影响较大，而对滑石的浮选影响很小。在酸性及中性 pH 值区域内，黄铜矿的回收率随 pH 值增大而略有上升，pH 值为 7 时达到最大；在碱性区域内，黄铜矿的回收率随 pH 值的增大而急剧降低。滑石的浮选回收率在广泛 pH 值内均很低。图中结果表明，在中性及弱酸性条件下，黄薯树胶对滑石有很强的抑制作用而对黄铜矿抑制效果甚弱，在此条件下可能实现黄铜矿和滑石的浮选分离。

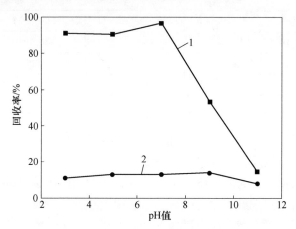

图 3-11   不同 pH 值下黄薯树胶对黄铜矿及滑石浮选的影响

（丁基黄药用量 $1×10^{-4}$ mol/L，2 号油用量 10mg/L，黄薯树胶用量 100mg/L）

1—黄铜矿；2—滑石

由单矿物浮选试验结果可知，在中性 pH 值、低用量黄薯树胶下，黄薯树胶可以选择性抑制滑石，为此，在 pH 值为 7、黄薯树胶用量为 100mg/L 的条件下进行了二者混合矿浮选试验，试验结果见表 3-2。由表可知，在此条件下，能够获得铜精矿中铜回收率为 69.34%、铜品位为 21.35% 的浮选指标。表明黄薯树胶在中性条件下对滑石具有良好的抑制效果，对黄铜矿也有一定的抑制。

表 3-2   黄薯树胶混合矿浮选试验结果   （%）

条　件	产品	产　率	品位（Cu）	回收率（Cu）
黄薯树胶 100mg/L pH 值为 7	精矿	49.22	21.35	69.34
	尾矿	50.78	9.15	30.66
	原矿	100.00	15.15	100.00

果胶是一种白色至黄褐色的粉末，常温下可以溶于水溶液，溶于水后形成黏稠状液体。其分子结构由半乳糖醛酸聚合而成，其中的组成单元的酯化度不同，游离的羧基部分或全部与 Ca^{2+}、Na^+、K^+ 等结合在一起。工业上常用作乳化稳定

剂和增稠剂。图 3-12 所示为 pH 值为 7 时，果胶用量对黄铜矿及滑石浮选行为的影响。由图可知，果胶用量对黄铜矿的浮选影响较小，随果胶用量的增加，黄铜矿的浮选回收率变化很小；果胶用量对滑石的浮选影响较大，滑石的浮选回收率在果胶用量 0~100mg/L 内显著下降，继续增加用量，滑石回收率基本无变化。图中结果表明，当果胶用量为 100mg/L 时，通过抑制滑石可能实现黄铜矿与滑石的浮选分离。

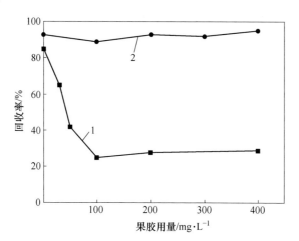

图 3-12   果胶用量对黄铜矿及滑石浮选的影响

（丁基黄药用量 1×10^{-4} mol/L；2 号油用量 10mg/L，pH 值为 7）

1—滑石；2—黄铜矿

图 3-13 所示为果胶用量为 100mg/L 时，pH 值对黄铜矿和滑石浮选行为的影

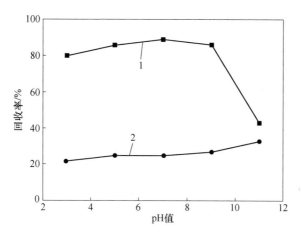

图 3-13   不同 pH 值下果胶对黄铜矿及滑石浮选的影响

（丁基黄药用量 1×10^{-4} mol/L，2 号油用量 10mg/L，果胶用量 100mg/L）

1—黄铜矿；2—滑石

响。由图 3-13 可知，在果胶作用下，pH 值大小对黄铜矿及滑石的浮选均有一定的影响。黄铜矿的回收率在 pH 值不大于 9 时，受 pH 值影响很小；当 pH 值大于 9 时，其回收率急剧下降。滑石的回收率在 pH 值不大于 9 时，回收率变化不大；当 pH 值大于 9 时，其回收率略有升高。图中结果表明，低用量果胶在中性及弱酸性条件下对滑石有很强的抑制作用而对黄铜矿抑制效果甚微，在此条件下可能实现黄铜矿和滑石的浮选分离。

由单矿物浮选试验可知，在中性 pH 值、低用量果胶作用下，黄铜矿和滑石的浮选回收率差异较大，为此，在 pH 值为 7、果胶用量为 100mg/L 的条件下进行了二者混合矿浮选试验，结果见表 3-3。由表可知，在此条件下，能够获得铜精矿中铜品位为 28.33%、铜回收率为 78.58% 的浮选指标。表明果胶在中性条件下对滑石具有良好的抑制效果，对黄铜矿也有一定的抑制，仍具有良好的选择性抑制效果。

表 3-3　果胶混合矿浮选试验结果　　　　　　　（%）

条　件	产　品	产　率	品位（Cu）	铜回收率（Cu）
果胶 100mg/L pH 值为 7	精矿	42.08	28.33	78.58
	尾矿	57.92	8.61	21.42
	原矿	100.00	15.17	100.00

阿拉伯树胶，又名阿拉伯胶，得名于其产地多在阿拉伯国家。其是一种白色粉末，组成分子中的多糖和蛋白质分别占 98% 和 2%。分子结构以阿拉伯半乳聚糖为主，具有复杂的多支链。图 3-14 所示为 pH 值为 7 时，阿拉伯胶用量对黄铜矿及滑石浮选行为的影响。由图可知，阿拉伯树胶用量对黄铜矿及滑石的浮选影响很大。黄铜矿在低用量阿拉伯树胶作用下仍表现出良好可浮性，当用量达到 100mg/L 时，黄铜矿的浮选回收率迅速下降。而滑石在阿拉伯树胶低用量时就被强烈抑制，阿拉伯树胶用量达 100mg/L 后，继续增大其用量，滑石浮选回收率变化不大。图中结果表明，阿拉伯树胶在低用量时对滑石具有强烈抑制效果而对黄铜矿抑制效果要弱许多，能实现黄铜矿及滑石的浮选分离。

图 3-15 所示为阿拉伯树胶用量为 100mg/L 时，pH 值对黄铜矿及滑石浮选行为的影响。由图可知，在中性及弱酸性 pH 值区域内，阿拉伯树胶对黄铜矿的浮选几乎没影响，黄铜矿回收率依然很高；在强碱性和强酸性区域黄铜矿被强烈抑制。而滑石在酸性、中性及弱碱性区域均被阿拉伯树胶强烈抑制，强碱性条件下滑石回收率略有上升。图中结果表明，低用量阿拉伯树胶在中性及弱酸性条件下对滑石有很强的抑制作用而对黄铜矿抑制效果甚微，能实现黄铜矿和滑石的浮选分离。

由单矿物浮选试验可知，在中性 pH 值、低用量阿拉伯胶作用时，滑石被抑

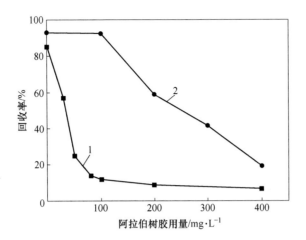

图 3-14　阿拉伯树胶用量对黄铜矿及滑石浮选的影响
（丁基黄药用量 1×10^{-4} mol/L，2 号油用量 10mg/L，pH 值为 7）
1—滑石；2—黄铜矿

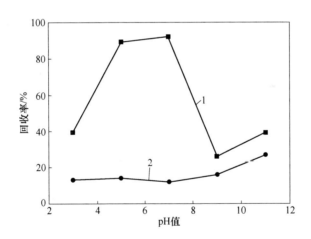

图 3-15　不同 pH 值下阿拉伯树胶对黄铜矿及滑石浮选的影响
（丁基黄药用量 1×10^{-4} mol/L，2 号油用量 10mg/L，阿拉伯树胶用量 100mg/L）
1—黄铜矿；2—滑石

制而黄铜矿可浮性较好。为此，在 pH 值为 7、阿拉伯胶用量为 100mg/L 的条件下进行了混合矿浮选试验，试验结果见表 3-4。由表可知，在此条件下，能够获得铜精矿中铜品位为 31.36%、铜回收率为 62.83% 的浮选指标。可见低用量阿拉伯胶在中性条件下对滑石具有良好的抑制效果，对黄铜矿也会部分抑制，可以实现黄铜矿与滑石的浮选分离，但分离效果不太理想。

表 3-4   阿拉伯胶对混合矿浮选影响试验结果　　　　　　（%）

条　件	产品	产　率	品位（Cu）	回收率（Cu）
阿拉伯胶 100mg/L pH 值为 7	精矿	30.39	31.36	62.83
	尾矿	69.61	8.10	37.17
	原矿	100.00	15.17	100.00

黄原胶又称黄胶，是一种白色或略带黄颜色的固体粉末。其分子由 D-葡萄糖、D-甘露糖、D-葡萄糖醛酸、乙酸和丙酮酸构成。黄原胶易溶水后形成高黏度的胶体溶液，常被用作增稠剂、乳化剂、悬浮剂和稳定剂等，广泛应用于日用化工、食品、纺织、医药、湿法冶金、陶瓷及印染等领域，在矿业领域研究较少。图 3-16 所示为 pH 值为 7 时，黄原胶用量对黄铜矿及滑石浮选行为的影响。由图可知，黄原胶用量对滑石的浮选影响较大，滑石在黄原胶用量较低时就被强烈抑制，在黄原胶用量达 100mg/L 后，继续增加黄原胶用量，滑石回收率降低非常缓慢。黄原胶对黄铜矿抑制较弱，黄铜矿的浮选回收率随黄原胶用量的增加而缓慢降低。图中结果表明，黄原胶在低用量时对滑石具有强烈抑制效果而对黄铜矿抑制效果要弱许多，能实现黄铜矿与滑石的浮选分离。

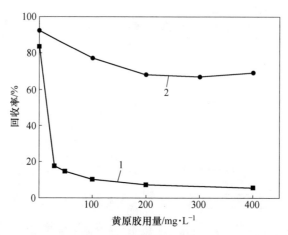

图 3-16   黄原胶用量对黄铜矿及滑石浮选的影响
（丁基黄药用量 1×10^{-4}mol/L，2 号油用量 10mg/L；pH 值为 7）
1—滑石；2—黄铜矿

图 3-17 所示为黄原胶用量为 100mg/L 时，pH 值对黄铜矿和滑石的浮选行为的影响。由图可知，pH 值对黄铜矿和滑石的浮选回收率影响较大。黄铜矿的回收率在酸性和弱碱性 pH 值区域内随 pH 值的增大而大幅度上升；在强碱性区域内，基本保持不变。滑石的回收率在碱性和酸性区域内，pH 值越大，回收率越大，在中性及靠近中性区域内，滑石的回收率随 pH 值的增大而略有降低。图中

结果表明在中性及弱碱性条件下，黄原胶对滑石有很强的抑制作用而对黄铜矿抑制效果甚微，可能实现黄铜矿和滑石的浮选分离。

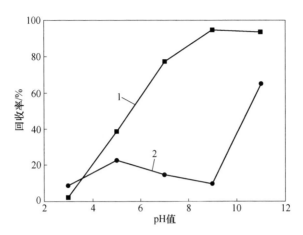

图 3-17 不同 pH 值下黄原胶对黄铜矿及滑石浮选的影响
（丁基黄药用量 $1×10^{-4}$ mol/L，2 号油用量 10mg/L；黄原胶用量 100mg/L）
1—黄铜矿；2—滑石

由单矿物浮选试验结果可知，在中性 pH 值、黄原胶用量为 100mg/L 时，滑石被抑制而黄铜矿可浮性较好，为此，在 pH 值为 9、黄原胶用量为 100mg/L 的条件下进行了混合矿浮选试验，试验结果见表 3-5。由表可知，在此条件下，能够获得铜精矿中铜品位 31.88%、铜回收率为 74.38% 的指标。表明黄原胶在弱碱性条件下对滑石具有较好的选择性抑制效果，可以实现黄铜矿与滑石的浮选分离。

表 3-5　黄原胶对混合矿浮选影响试验结果　　　　（%）

条　件	产品	产　率	品位（Cu）	回收率（Cu）
黄原胶 100mg/L pH 值为 9	精矿	35.39	31.88	74.38
	尾矿	64.61	6.02	25.62
	原矿	100.00	15.17	100.00

3.3.2　多糖类抑制剂对黄铜矿和滑石浮选行为的影响

壳聚糖，又叫脱乙酰甲壳糖，是由甲壳素通过一定程度的脱己酰而得到的一种高分子化合物，白色粉末，在酸性条件下溶于水后具有黏性。壳聚糖可再生，在自然界中的来源广，其结构如图 3-18 所示。

图 3-19 所示为 pH 值为 7 时，壳聚糖用量对黄铜矿及滑石浮选回收率的影响。由图可知，壳聚糖对黄铜矿和滑石具有较强的抑制效果。随壳聚糖用量增

加，黄铜矿和滑石均被强烈抑制。图中结果表明，壳聚糖对黄铜矿及滑石都具有较强的抑制作用，无法实现黄铜矿及滑石的浮选分离。

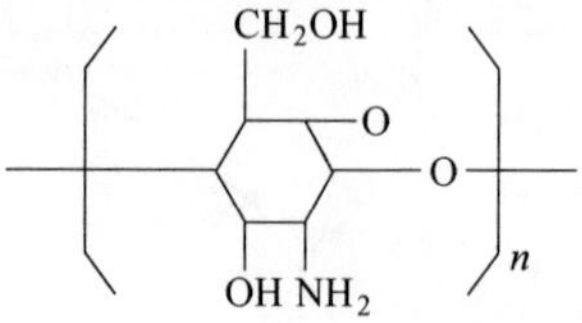

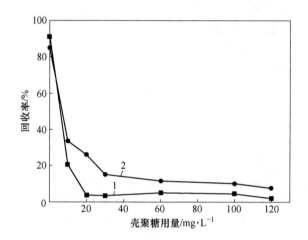

图 3-18   壳聚糖结构式

图 3-19   壳聚糖用量对黄铜矿及滑石浮选的影响

（丁基黄药用量 1×10^{-4} mol/L，2 号油用量 10mg/L；pH 值为 7）

1—黄铜矿；2—滑石

图 3-20 所示为当壳聚糖用量为 50mg/L 时，pH 值对黄铜矿和滑石浮选行为的影响。由图可知，在壳聚糖作用下，pH 值对黄铜矿的浮选影响较大而对滑石的浮选影响很小。黄铜矿的浮选回收率在强酸性区域内，随着 pH 值的增大而略微降低，而在 pH 值大于 7 时迅速下降，滑石的浮选回收率在研究的 pH 值范围内均很低。图中结果表明，壳聚糖在强酸性条件下对滑石抑制较强烈，对黄铜矿抑制较弱，能实现滑石和黄铜矿的分离。

由单矿物浮选试验结果可知，在强酸性条件下、低用量壳聚糖对滑石的抑制较强烈而对黄铜矿的抑制较弱，为此，在 pH 值为 4.5、壳聚糖用量为 50mg/L 的条件下做了混合矿浮选试验，试验结果见表 3-6。由表可知，在此条件下，可以获得铜精矿中铜品位为 32.88%、铜回收率为 60.03% 的指标。可知壳聚糖在酸性条件下对滑石具有良好的抑制效果，同时对黄铜矿也产生抑制作用，在黄铜矿与滑石浮选分离中没有表现出较好的选择性，不能实现二者的有效分离。

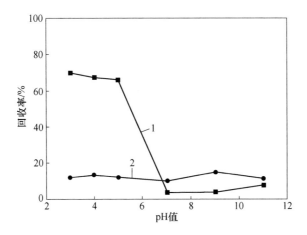

图 3-20　不同 pH 值下壳聚糖对黄铜矿及滑石浮选的影响

（丁基黄药用量 $1×10^{-4}$ mol/L，2 号油用量 10mg/L，壳聚糖用量 50mg/L）

1—黄铜矿；2—滑石

表 3-6　壳聚糖对混合矿浮选影响试验结果　　（%）

条　件	产　品	产　率	品位（Cu）	回收率（Cu）
壳聚糖 50mg/L pH 值为 4.5	精矿	27.70	32.88	60.03
	尾矿	72.30	2.85	39.97
	原矿	100.00	15.17	100.00

　　羧化壳聚糖是由壳聚糖衍生形成的一种高分子聚合物，是利用壳聚糖链上活泼的反应性基团氨基或羟基进行羧化反应的产物。溶于热水后形成黏性溶液，具有乳化稳定、增稠、抗静电、防腐、保湿的作用。图 3-21 所示为 pH 值为 7 时，羧化壳聚糖用量对黄铜矿及滑石浮选行为的影响。由图可知，黄铜矿的浮选基本不受羧化壳聚糖用量的影响，回收率在所研究的羧化壳聚糖用量范围内均很高。滑石的回收率随羧化壳聚糖用量的增加而明显下降，羧化壳聚糖用量至 100mg/L 后，其回收率下降速率减缓。图中结果表明，较高用量的羧化壳聚糖对滑石具有强烈的抑制效果而对黄铜矿浮选不产生影响，能实现黄铜矿与滑石的浮选分离。

　　图 3-22 所示为羧化壳聚糖用量为 100mg/L 时，pH 值对黄铜矿及滑石的浮选行为的影响。由图可知，pH 值对黄铜矿及滑石的浮选回收率影响很大。在羧化壳聚糖作用下，黄铜矿在强酸性条件下被抑制，增大 pH 值至 5 时，其回收率迅速上升。在酸性区域内，滑石的回收率先降低后上升；而在碱性区域内，其回收率先降低后升高。图中结果表明，羧化壳聚糖在弱酸及中性条件下对滑石有很强的抑制作用而对黄铜矿抑制效果甚微，能实现黄铜矿和滑石的浮选分离。

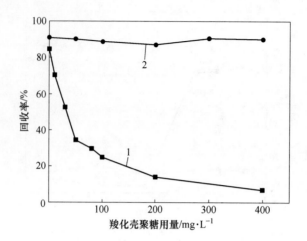

图 3-21   羧化壳聚糖用量对黄铜矿及滑石浮选的影响
（丁基黄药用量 $1×10^{-4}$mol/L，2 号油用量 10mg/L，pH 值为 7）
1—滑石；2—黄铜矿

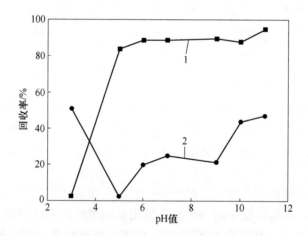

图 3-22   不同 pH 值下羧化壳聚糖对黄铜矿及滑石浮选的影响
（丁基黄药用量 $1×10^{-4}$mol/L，2 号油用量 10mg/L，羧化壳聚糖用量 100mg/L）
1—黄铜矿；2—滑石

　　由单矿物浮选试验结果可知，在中性 pH 值下，滑石被羧化壳聚糖抑制而黄铜矿可浮性较好，为此，在 pH 值为 7、羧化壳聚糖用量为 200mg/L 的条件下做了混合矿浮选试验，试验结果见表 3-7。由表可知，在此浮选条件下，进行混合矿浮选试验，能够获得铜精矿中铜品位为 31.52%，铜回收率为 90.99% 的优良指标，可以实现黄铜矿与滑石的高效分离。

表 3-7　羧化壳聚糖对混合矿浮选影响试验结果　　　　　（%）

条　件	产　品	产　率	品位（Cu）	回收率（Cu）
羧化壳聚糖	精矿	43.80	31.52	90.99
200mg/L	尾矿	56.20	2.43	9.01
pH 值为 7	原矿	100.00	15.17	100.00

甲基纤维素是一种白色无臭无味的粉末状固体，其甲基反应后纤维素中被甲氧基取代的数量及均匀程度决定其性质。溶于热水后形成无色无味的中性溶液，一般不溶于有机溶剂，其应激性受温度影响较大。图 3-23 所示为 pH 值为 7 时，甲基纤维素用量对黄铜矿及滑石浮选行为的影响。由图可知，甲基纤维素用量对黄铜矿及滑石的浮选均产生较大的影响。随甲基纤维素用量的增加，黄铜矿的浮选回收率逐渐降低，最后趋于平稳。滑石的浮选回收率在低用量甲基纤维素下迅速下降，继续增加甲基纤维素用量，滑石的回收率缓慢降低。图中结果表明，甲基纤维素在低用量时对滑石具有较强烈的抑制效果而对黄铜矿无抑制效果，在此条件下可能实现黄铜矿与滑石的浮选分离。

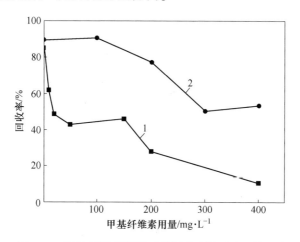

图 3-23　甲基纤维素用量对黄铜矿及滑石浮选的影响
（丁基黄药用量 1×10^{-4} mol/L，2 号油用量 10mg/L，pH 值为 7）
1—滑石；2—黄铜矿

图 3-24 所示为当甲基纤维素用量为 100mg/L 时，pH 值对黄铜矿及滑石浮选行为的影响。由图可知，在甲基纤维素作用下，pH 值对黄铜矿的浮选影响较大而对滑石的影响较小。黄铜矿在中性及接近中性区域基本不受抑制，在强酸性和强碱性区域回收率略有降低。pH 值的改变对滑石的回收率没有太大的影响，其回收率在整个 pH 值区间均较低。图中结果表明，甲基纤维素在中性及接近中性条件下对滑石有较强的抑制作用而对黄铜矿无抑制效果，在此条件下可能实现黄

铜矿和滑石的分离。

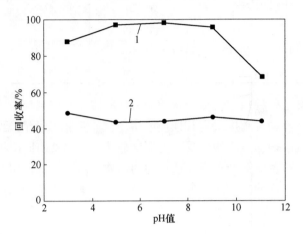

图 3-24　不同 pH 值下甲基纤维素对黄铜矿及滑石浮选的影响

（丁基黄药用量 $1×10^{-4}$ mol/L，2 号油用量 10mg/L，甲基纤维素用量 100mg/L）

1—黄铜矿；2—滑石

由单矿物浮选试验结果可知，在中性 pH 值、甲基纤维素用量较低时，滑石被抑制而黄铜矿可浮性较好，为此，在 pH 值为 7、甲基纤维素用量为 100mg/L 的条件下进行了混合矿浮选试验，试验结果见表 3-8。由表可知，在此浮选条件下，能够获得铜精矿中铜品位为 24.08%、铜回收率为 74.68% 的浮选指标。表明甲基纤维素在中性条件下可以实现黄铜矿与滑石的浮选分离，但黄铜矿回收率不够高。

表 3-8　甲基纤维素对混合矿浮选影响试验结果　　　　　　　（%）

条　件	产　品	产　率	品位（Cu）	回收率（Cu）
甲基纤维素	精矿	47.10	24.08	74.68
100mg/L	尾矿	52.90	7.27	25.32
pH 值为 7	原矿	100.00	15.19	100.00

羟乙基纤维素（HEC）是一种白色、无味、无毒的粉末状固体，是一种重要的纤维素醚。其结构式为 $[C_6H_7O_2(OH)_{3-n}(OCH_2CH_2OH)_n]_x$，易溶于水，其溶液在 pH 值为 2~12 的情况下黏度较小。因具有表面活性、增稠、悬浮、黏合、乳化、成膜、分散等作用而被应用于许多领域，但在矿物分选领域应用较少。

图 3-25 所示为 pH 值为 7 时，羟乙基纤维素用量对黄铜矿及滑石浮选行为的影响。由图可知，羟乙基纤维素用量对黄铜矿及滑石浮选的影响均较大。黄铜矿的浮选回收率在低用量羟乙基纤维素作用下变化不大，其回收率在羟乙基纤维素

用量达到200mg/L后逐渐降低。滑石的浮选回收率在低用量羟乙基纤维素作用下迅速降低，继续增大羟乙基纤维素用量至200mg/L后，滑石的浮选回收率下降较缓慢。图中结果表明，在羟乙基纤维素用量为200mg/L时，通过抑制滑石能实现黄铜矿与滑石的有效分离。

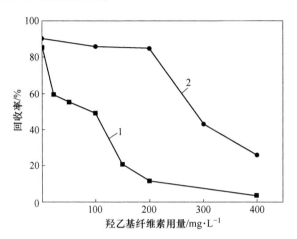

图3-25　羟乙基纤维素用量对黄铜矿及滑石浮选的影响

(丁基黄药用量 $1×10^{-4}$ mol/L，2号油用量10mg/L，pH值为7)

1—滑石；2—黄铜矿

图3-26所示为当羟乙基纤维素用量为100mg/L时，pH值对黄铜矿及滑石浮选行为的影响。由图可知，在羟乙基纤维素作用下，pH值对黄铜矿浮选影响较大而对滑石的影响很小。黄铜矿在酸性及碱性条件下被抑制，在中性条件下黄铜

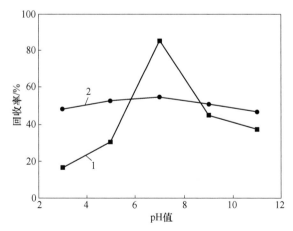

图3-26　不同pH值下羟乙基纤维素对黄铜矿及滑石浮选的影响

(丁基黄药用量 $1×10^{-4}$ mol/L，2号油用量10mg/L；羟乙基纤维素用量100mg/L)

1—黄铜矿；2—滑石

矿仍表现出良好的疏水性，滑石的浮选回收率在广泛的 pH 值内变化很小。图中结果表明，羟乙基纤维素在中性及接近中性条件下对滑石有较强的抑制作用而对黄铜矿抑制效果较弱，在此条件下能实现黄铜矿和滑石的浮选分离。

由单矿物浮选试验结果可知，在中性 pH 值、低用量羟乙基纤维素作用下，滑石被抑制而黄铜矿可浮性较好，为此，在 pH 值为 7、羟乙基纤维素用量为 100mg/L 的条件下进行了混合矿浮选试验，试验结果见表 3-9。由表可知，在此浮选条件下，可获得铜精矿中铜品位为 24.75%、铜回收率为 55.36% 的浮选指标。表明低用量羟乙基纤维素在中性条件下对滑石具有良好的抑制效果，同时也抑制了部分黄铜矿，实现黄铜矿与滑石的浮选分离较困难。

表 3-9 羟乙基纤维素对混合矿浮选影响试验结果 （%）

条 件	产 品	产 率	品位（Cu）	回收率（Cu）
羟乙基纤维 100mg/L pH 值为 7	精矿	34.00	24.75	55.36
	尾矿	66.00	10.28	44.64
	原矿	100.00	15.19	100.00

海藻酸钠是一种从海带中提取的天然多糖，白色或淡黄色粉末，无毒无味。其分子式为 $(C_6H_7NaO_6)_x$。海藻酸钠溶于水后形成黏稠状液体，不溶于有机溶剂，具有良好的流动性、稳定性、黏性、安全性，常被用作稳定剂、增稠剂、分散剂、胶凝剂、被膜剂、悬浮剂等。图 3-27 所示为 pH 值为 7 时，海藻酸钠用量对黄铜矿及滑石浮选行为的影响。由图可知，海藻酸钠对黄铜矿及滑石回收率影响不大，随海藻酸钠用量增加，黄铜矿和滑石的回收率变化很小。图中结果表明，海藻酸钠对黄铜矿和滑石基本没有抑制作用，无法实现黄铜矿及滑石的浮选分离。

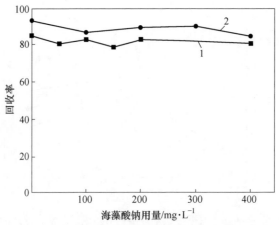

图 3-27 海藻酸钠用量对黄铜矿及滑石浮选的影响
（丁基黄药用量 $1×10^{-4}$mol/L，2 号油用量 10mg/L，pH 值为 7）
1—滑石；2—黄铜矿

图 3-28 所示为海藻酸钠用量为 100mg/L 时，pH 值对黄铜矿及滑石浮选行为的影响。由图可知，在海藻酸钠作用下，黄铜矿和滑石的浮选回收率在广泛 pH 值范围内无明显变化，表明海藻酸钠对黄铜矿和滑石的抑制作用不受 pH 值的影响。

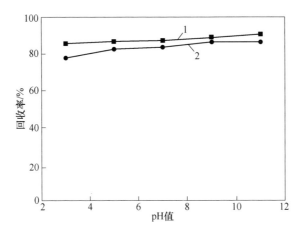

图 3-28　不同 pH 值下海藻酸钠对黄铜矿及滑石浮选的影响

(丁基黄药用量 1×10^{-4} mol/L，2 号油用量 10mg/L，海藻酸钠用量 100mg/L)

1—黄铜矿；2—滑石

3.4　高分子抑制剂对滑石的抑制机理

通过浮选试验研究，可知几种高分子抑制剂可抑制滑石实现黄铜矿与滑石的浮选分离，为揭示这些高分子抑制剂对滑石抑制的机理，通过吸附量测试、Zeta 电位测试、红外光谱测试、XPS 测试等手段研究了抑制剂对滑石抑制的机理。

3.4.1　高分子抑制剂在黄铜矿及滑石表面吸附行为

浮选药剂对矿物产生作用，首先要在矿物表面发生吸附，为了考察抑制剂在黄铜矿与滑石表面的吸附量，进行了 TOC 吸附量测试，其结果如图 3-29～图3-37 所示。

图 3-29 所示是刺槐豆胶浓度对其在黄铜矿和滑石表面吸附量的影响。由图可知，刺槐豆胶在黄铜矿及滑石表面均能发生吸附。随着刺槐豆胶用量的增加，刺槐豆胶在这两种矿物表面的吸附量均增大，刺槐豆胶在黄铜矿表面的吸附量低于其在滑石表面的吸附量。

图 3-30 所示是黄薯树胶浓度对其在黄铜矿和滑石表面吸附量的影响。由图可知，黄薯树胶在黄铜矿及滑石表面均发生吸附。随着黄薯树胶用量的增加，黄薯树胶在黄铜矿表面的吸附量增加非常缓慢，黄薯树胶浓度达 50mg/L 时，其在

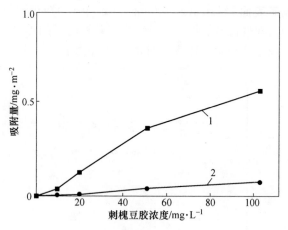

图 3-29 刺槐豆胶在黄铜矿及滑石表面的吸附量

1—滑石；2—黄铜矿

黄铜矿表面的吸附趋于饱和；黄薯树胶在滑石表面的吸附量随其浓度的增加而迅速增大。

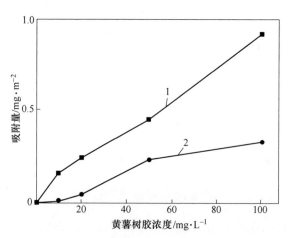

图 3-30 黄薯树胶在黄铜矿及滑石表面的吸附量

1—滑石；2—黄铜矿

图 3-31 所示是果胶浓度对其在黄铜矿和滑石表面吸附量的影响。由图可知，果胶在黄铜矿及滑石表面均发生吸附。低浓度（0~20mg/L）果胶在滑石表面的吸附量随着其用量的增加而迅速增大，而在黄铜矿表面基本无吸附。当果胶浓度大于 20mg/L 时，果胶在两种矿表面的吸附量随其浓度的增加而缓慢增大，在黄铜矿表面的吸附能力弱于在滑石表面的吸附能力。

图 3-32 所示是阿拉伯树胶浓度对其在黄铜矿和滑石表面吸附量的影响。由图可知，当 pH 值为 7 时，阿拉伯树胶在黄铜矿及滑石表面均有吸附。阿拉伯树

胶在滑石及黄铜矿表面的吸附量随用量的增加而增加，并且当用量为 100mg/L 时仍然没有饱和。在低用量时，相同用量的阿拉伯胶在两者表面的吸附量相近；高用量时，相同用量的阿拉伯胶在黄铜矿表面吸附弱于滑石。

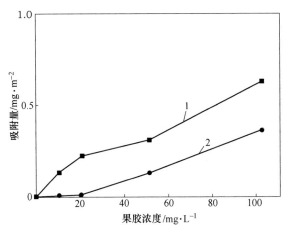

图 3-31 果胶在黄铜矿及滑石表面的吸附量
1—滑石；2—黄铜矿

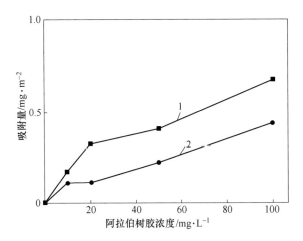

图 3-32 阿拉伯树胶在黄铜矿及滑石表面的吸附量
1—滑石；2—黄铜矿

图 3-33 所示是黄原胶浓度对其在黄铜矿和滑石表面吸附量的影响。由图可知，黄原胶在黄铜矿及滑石表面均有吸附。黄原胶在滑石表面的吸附量随用量的增加而增加，并且当用量为 100mg/L 时仍然没有饱和，说明黄原胶对滑石吸附作用较强。黄原胶在黄铜表面低用量时无吸附，用量超过 20mg/L 时吸附量随用量的增加而增加。

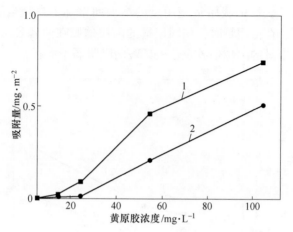

图 3-33 黄原胶在黄铜矿及滑石表面的吸附量
1—滑石；2—黄铜矿

　　图 3-34 所示是壳聚糖浓度对其在黄铜矿和滑石表面吸附量的影响。由图可知，壳聚糖在黄铜矿及滑石表面均有吸附。壳聚糖在滑石及黄铜矿表面的吸附量随用量的增加而增加，并且当用量为 100mg/L 时仍然没有饱和，说明壳聚糖对黄铜矿及滑石表面有非常强的吸附作用。

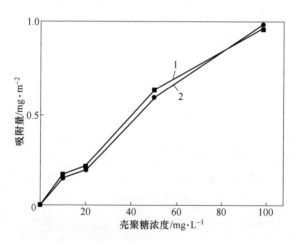

图 3-34 壳聚糖在黄铜矿及滑石表面的吸附量
1—滑石；2—黄铜矿

　　图 3-35 所示是羧化壳聚糖浓度对其在黄铜矿和滑石表面吸附量的影响。由图可知，羧化壳聚糖在黄铜矿表面无吸附，而羧化壳聚糖在滑石表面的吸附量随用量的增加而增加，并且当用量为 100mg/L 时仍然没有饱和，说明羧化壳聚糖对滑石吸附作用强。

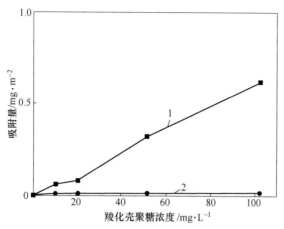

图 3-35   羧化壳聚糖在黄铜矿及滑石表面的吸附量
1—滑石；2—黄铜矿

如图 3-36 所示是甲基纤维素浓度对其在黄铜矿和滑石表面吸附量的影响。由图可知，甲基纤维素在黄铜矿及滑石表面均有吸附。甲基纤维素在滑石及黄铜矿表面的吸附量随用量的增加而增加，并且当用量为 100mg/L 时仍然没有饱和，相同用量时，在黄铜矿的表面的吸附量小于其在滑石表面的吸附量。

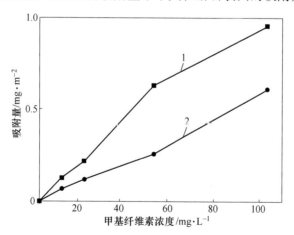

图 3-36   甲基纤维素在黄铜矿及滑石表面的吸附量
1—滑石；2—黄铜矿

如图 3-37 所示是羟乙基纤维素浓度对其在黄铜矿和滑石表面吸附量的影响。由图可知，羟乙基纤维素在黄铜矿及滑石表面均有吸附。羟乙基纤维素在滑石及黄铜矿表面的吸附量随用量的增加而增加，并且当用量为 100mg/L 时仍然没有饱和，在低用量时在两者表面的吸附量相近，高用量时在黄铜矿表面的吸附弱于在滑石表面的吸附。

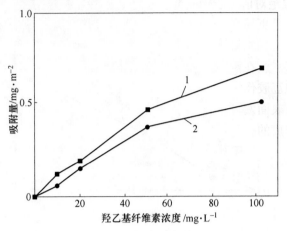

图 3-37 羟乙基纤维素在黄铜矿及滑石表面的吸附量

1—滑石；2—黄铜矿

3.4.2 高分子抑制剂在黄铜矿及滑石表面作用机理

3.4.2.1 刺槐豆胶与黄铜矿及滑石表面的作用机理

如图 3-38 所示为在不同 pH 值下黄铜矿及滑石的 Zeta 电位及刺槐豆胶对两种矿物表面电位的影响。由图可知，黄铜矿的等电点 pH 值为 2.98，滑石的等电点 pH 值小于 2。随 pH 值的增大，矿浆中的 OH^- 浓度增大，导致黄铜矿和滑石表面的 Zeta 电位不断降低。经刺槐豆胶作用后，黄铜矿的 Zeta 电位变化较小，

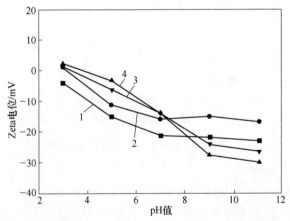

图 3-38 不同 pH 值下刺槐豆胶对黄铜矿及滑石 Zeta 电位的影响

（刺槐豆胶用量 100mg/L）

1—滑石；2—滑石+刺槐豆胶；3—黄铜矿+刺槐豆胶；4—黄铜矿

而滑石的 Zeta 电位绝对值降低较多。图中结果说明刺槐豆胶在黄铜矿和滑石表面都发生了吸附，且更易在滑石表面发生吸附。由于刺槐豆胶为非离子抑制剂，其吸附不是静电吸附的结果。

为了确定刺槐豆胶在滑石表面的吸附作用机理，进行了 XPS 分析。图 3-39 所示是滑石与刺槐豆胶作用前后的 C1s 窄区扫描谱图。由图 3-39 可知，没加入刺槐豆胶前，滑石表面发现了碳元素，这与滑石的元素组成不同，这是由于测试时的有机物污染造成的，此时碳元素有两种存在形式，分别为 C ═C（284.8eV）和 C—C（285.5eV）。滑石与刺槐豆胶作用后，碳的存在形式发生变化，出现了 C ═O（286.5eV），说明刺槐豆胶在滑石表面发生了吸附。

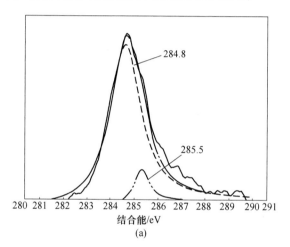

(a)

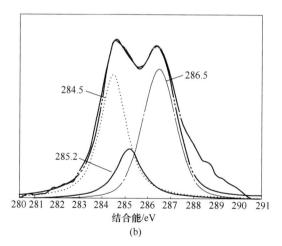

(b)

图 3-39　C1s 窄区扫描谱图

（a）滑石；（b）滑石+刺槐豆胶

　　图 3-40 所示是滑石与刺槐豆胶作用前后 Mg1s、Si2s 的窄区扫描谱图，其 Mg1s、Si2s 键合能变化见表 3-10。由图 3-40 可知，与刺槐豆胶作用前后，滑石 Mg1s、Si1s 的谱峰变化值较小（小于 0.2eV，属于误差范围之内），说明刺槐豆 胶与滑石的作用是一种物理吸附作用。结合 Zeta 电位分析结果可知，这种物理 作用是一种疏水作用，是刺槐豆胶的烃链与疏水性滑石表面作用的结果。

表 3-10　有无刺槐豆胶时滑石表面 Si2s、Mg1s 键合能的变化

元　素	条　件	
	滑石	滑石+刺槐豆胶
Si2s	154.64	154.51
Mg1s	1304.93	1304.74

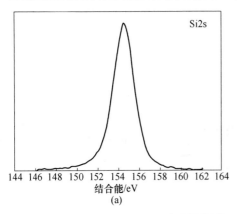
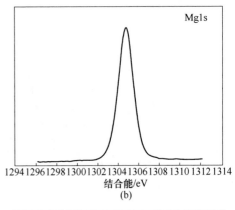
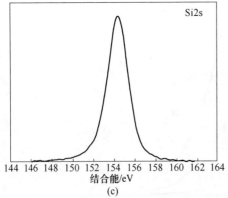
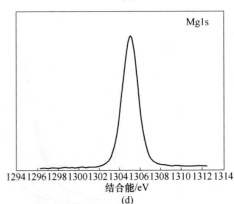

图 3-40　Si2s、Mg1s 窄区扫描谱图

（a），（b）滑石；（c），（d）滑石+刺槐豆胶

3.4.2.2　黄薯树胶在黄铜矿与滑石表面的作用机理

　　如图 3-41 所示为不同 pH 值下黄铜矿及滑石的 Zeta 电位及黄薯树胶对两种

矿物表面电位的影响。由图可知，在加入用量为 100mg/L 的黄薯树胶后，黄铜矿和滑石表面 Zeta 电位均发生改变，均使两者的等电点下降；黄薯树胶的加入使滑石和黄铜矿双电层的滑移面外移，导致矿物的电位绝对值下降。黄薯树胶只改变滑石 Zeta 电位的大小而没有改变滑石的电负性，说明该吸附不是静电作用的结果。该结果表明黄薯树胶在黄铜矿和滑石表面都有吸附。

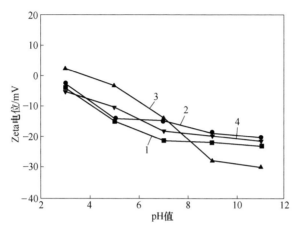

图 3-41 不同 pH 值下黄薯树胶对黄铜矿及滑石 Zeta 电位的影响

（黄薯树胶用量 100mg/L）

1—滑石；2—滑石+黄薯树胶；3—黄铜矿；4—黄铜矿+黄薯树胶

图 3-42 所示是滑石及其与黄薯树胶作用后全元素窄区扫描谱图。图 3-43 所示是滑石及与黄薯树胶作用后 C1s 的窄区扫描谱图。由图 3-43 可知，没加入黄薯树胶前，滑石表面发现了碳元素，这与滑石的元素组成不同，这是由测试时的有机物污染造成的，此时碳元素有两种存在形式，分别为 C —C（284.8eV）和

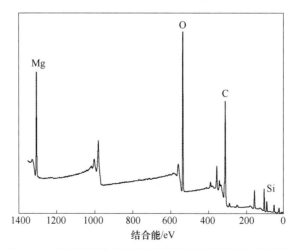

图 3-42 黄薯树胶与滑石作用后的全元素窄区扫描谱图

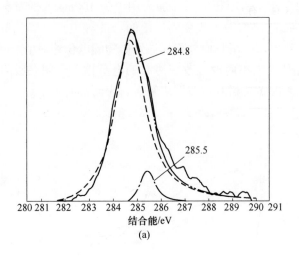

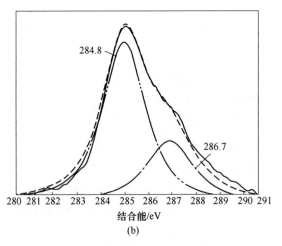

图 3-43　C1s 窄区扫描谱图

(a) 滑石；(b) 滑石+黄薯树胶

C—C（285.5eV）。与黄薯树胶作用后，碳的存在形式发生变化，出现了 C＝O（286.7eV），说明黄薯树胶在滑石表面发生了吸附。

　　图 3-44 所示是滑石与黄薯树胶作用前后 Mg1s、Si2s 的窄区扫描谱图，其 Mg1s、Si2s 键合能变化见表 3-11。由图 3-44 可知，与药剂作用前后，滑石 Mg1s、Si1s 的谱峰变化值较小（小于 0.2eV，属于误差范围之内），说明黄薯树胶与滑石的作用是一种物理吸附作用。结合 Zeta 电位分析结果可知，这种物理作用是一种疏水作用，是黄薯树胶的烃链与疏水性滑石表面作用的结果。

表 3-11 有无黄薯树胶时滑石表面 Si2s、Mg1s 键合能的变化

元 素	条 件	
	滑石	滑石+黄薯树胶
Si2s	154. 64	154. 46
Mg1s	1304. 93	1304. 74

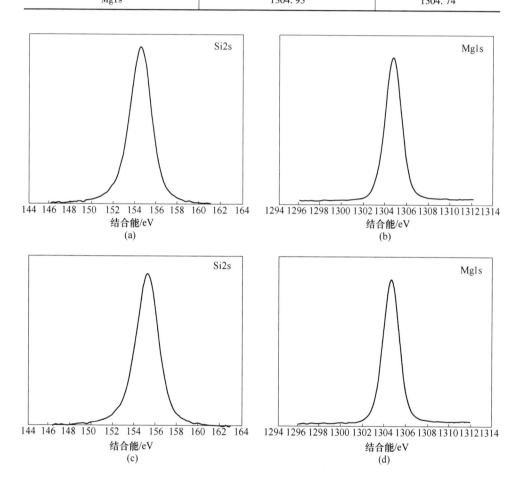

图 3-44 Si2s、Mg1s 窄区扫描谱图

（a），（b）滑石；（c），（d）滑石+黄薯树胶

3.5 含滑石的硫化铜镍矿的选矿实践

新疆某硫化铜镍矿的多元素化学成分分析结果见表 3-12。由表 3-12 可以看出，矿石中可供选矿回收的主要组分是镍和铜，二者品位分别为 0.66% 和 0.28%，需要选矿排除的组分含量较高的是 SiO_2、Al_2O_3、CaO、MgO。

表 3-12　矿石的化学成分 （质量分数）　　　　　（%）

组分	Ni	Cu	Co	S	TFe	FeO	Fe$_2$O$_3$	SiO$_2$
含量	0.66	0.28	0.039	4.89	13.18	16.06	1.00	41.21
组分	TiO$_2$	Al$_2$O$_3$	CaO	MgO	Na$_2$O	K$_2$O	Ig	
含量	0.12	8.23	6.02	16.62	1.72	0.15	6.03	

矿石多呈稀疏浸染状产出，磨光面上金属矿物分布零星，经镜下观察、X 射线衍射分析和电子探针分析，矿石的组成矿物种类较为复杂。金属矿物主要是磁黄铁矿，其次是镍黄铁矿、黄铜矿和磁铁矿，其他尚见黄铁矿、钛铁矿、铜蓝、辉铜矿和褐铁矿。脉石矿物含量较高的是绿泥石、滑石、紫苏辉石、普通辉石、橄榄石、阳起石和透闪石，其他尚见黑云母、铬尖晶石、方解石、榍石和蛇纹石。微量矿物包括锆石、磷灰石和金红石等。表 3-13 列出了矿石中主要矿物的质量含量。

表 3-13　矿石中主要矿物的含量 （质量分数）　　　　　（%）

矿　物	镍黄铁矿	黄铜矿	磁黄铁矿	黄铁矿	磁铁矿	褐铁矿
含　量	1.55	0.8	10.3	0.3	1.6	0.2
矿　物	钛铁矿榍石	绿泥石滑石	透闪石阳起石	橄榄石辉石	其他	
含　量	0.25	39.5	21.4	23.1	1.0	

根据条件试验结果，以及浮选试验中的浮选现象，发现在较粗的磨矿细度下，脱泥效果并不受多大影响，粗选精矿品位比细磨要高。因此进行了两段磨矿-阶段浮选流程试验，在粗磨 （-0.076mm 占 61%） 条件下进行脱泥和粗选 I，粗选 I 的槽内产品进行再磨再选，再磨细度大约在-0.076mm 占 83%左右。

试验药剂制度见表 3-14，试验流程如图 3-45 所示，试验结果见表 3-15。

表 3-14　闭路试验药剂制度　　　　　（g/t）

药剂种类	AT6497	SAX+AT440	硫酸铜	CMC	2 号油
脱泥	70				
粗选		160	60	120	40
扫选		80			
精选		30		50	20

表 3-15　闭路试验结果　　　　　（%）

产品名称	产　率	品　位		镍回收率	
		Ni	Cu	Ni	Cu
泥	6.68	0.19	0.07	1.93	1.61

产品名称	产 率	品 位		镍回收率	
		Ni	Cu	Ni	Cu
精矿	9.96	5.65	2.53	85.42	86.89
尾矿	83.36	0.10	0.04	12.65	11.50
原矿	100.00	0.66	0.29	100.00	100.00

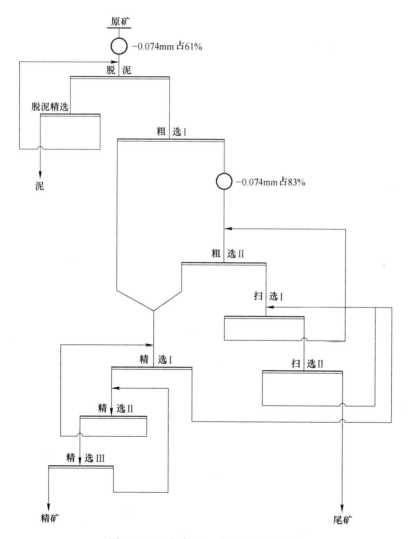

图 3-45　两段磨矿-阶段浮选工艺流程

试验结果表明，该方案具有明显的优势，既保证了精矿品位，同时又顾全了回收率，获得了精矿镍品位为 5.65%，镍回收率为 85.42% 的指标。

4 含绿泥石的硫化铜镍矿的选矿

绿泥石是硫化铜镍矿中常见的一种脉石矿物，绿泥石质软，易泥化，从而影响硫化铜镍矿的浮选。本章选用黄铁矿作为硫化矿物的代表，讲述硫化矿物与绿泥石的分离行为及机理。

4.1 绿泥石的晶体结构和基本性质

4.1.1 绿泥石的晶体结构

绿泥石的晶体结构如图 4-1 所示。绿泥石是 2∶1 型的层状硅酸盐矿物，其晶体结构相当于 TOT 三层型结构单元与一个氢氧镁石层交错排列而成，该层中有三分之一的 Mg^{2+} 被 Al^{3+} 所替换，而产生一个带正电的 $[Mg_2Al(OH)_2]^+$ 层。绿泥石解离后，表面存在氢氧镁石层破裂的键，使矿物表面具有交错带电的碎面，从而使离子捕收剂更容易吸附，故绿泥石可浮性较好，而且有较大的浮选范围。绿泥石晶体呈假六方片状或板状，薄片具挠性，集合体呈鳞片状。有两种晶系，分别为三斜晶系和单斜晶系。

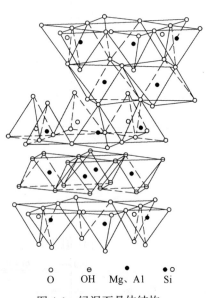

○ O ◐ OH ○ Mg、Al ● Si

图 4-1 绿泥石晶体结构

4.1.2 绿泥石的基本性质

绿泥石矿石颜色随含铁量的多少而变化，主要有淡黄色、灰白色、白色、浅绿色、绿色、绿黑色以及褐黄色，半透明状，有玻璃光泽，解理完全，参差状断口。硬度为 2~3，相对密度为 2.6~3.3g/cm³。绿泥石主要应用于塑胶、涂料、医药、化妆、脱硫环保等领域。绿泥石结构复杂，化学成分多变，但主要由硅铝镁铁组成。绿泥石晶体化学式为 $(Mg,Fe,Al)(OH)_6\{(Mg,Fe,Al)_3[(Si,Al)_4O_{10}](OH)_2\}$，其中 Mg 和 Fe 以类质同象的形式存在，化学成分范围为 MgO 15%~34%、SiO_2 28%~53%、Fe_2O_3 0.5%~6%，各地绿泥石的性能和化学成分也存在着较大差异。

4.2 绿泥石对硫化矿物浮选的影响

4.2.1 绿泥石的浮选行为

图 4-2 所示为有无捕收剂戊黄药条件下 pH 值对绿泥石浮选回收率的影响。由图 4-2 可知，绿泥石表面具有一定疏水性，仅用起泡剂 MIBC 时其浮选回收率即可达 50%，矿浆 pH 值的变化对绿泥石浮选回收率影响不大；捕收剂戊黄药的加入不会影响绿泥石的浮选，加入戊黄药后，绿泥石浮选回收率变化不大。

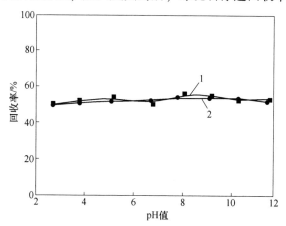

图 4-2 pH 值对绿泥石浮选的影响

(c(MIBC) = 1×10^{-4} mol/L)

1—绿泥石；2—绿泥石+戊黄药

图 4-3 所示为 pH 值为 7 时，铜镍离子用量对绿泥石浮选的影响。图中结果

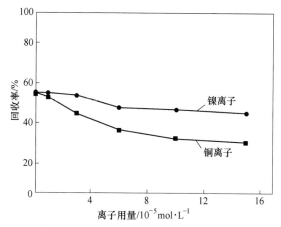

图 4-3 铜离子和镍离子用量对绿泥石浮选的影响

(c(MIBC) = 1×10^{-4} mol/L)

表明，铜、镍离子对绿泥石具有抑制作用，随铜镍离子用量增加，绿泥石浮选回收率逐渐降低，当铜离子浓度达到 10×10^{-5} mol/L，镍离子浓度达 6×10^{-5} mol/L 时，绿泥石浮选回收率降低到最低，再增加离子浓度，绿泥石浮选回收率变化不大。在相同的离子浓度下，铜离子的抑制效果强于镍离子。

图 4-4 所示为固定用量为 1×10^{-4} mol/L 时，不同 pH 值条件下铜离子和镍离子对绿泥石浮选的影响。由图 4-4 结果可知，强酸性条件下，铜离子不会影响绿泥石的浮选，当矿浆 pH 值升高到 4 时，铜离子开始对绿泥石产生抑制作用，当 pH 值升高到 7 时，抑制效果最强，绿泥石浮选回收率从 50%降低到 28%；与铜离子一致，强酸性条件下镍离子也不会影响绿泥石的浮选，当矿浆 pH 值升高到 5 时，镍离子开始对绿泥石产生抑制作用，当 pH 值升高到 9 时，抑制效果最强，绿泥石浮选回收率从 50%降低到 34%。

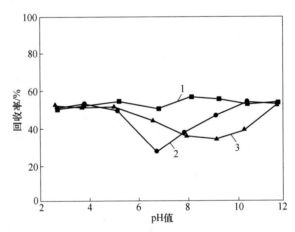

图 4-4　不同 pH 值下铜离子和镍离子对绿泥石浮选的影响

$(c(Cu^{2+}) = 1 \times 10^{-4}$ mol/L；$c(Ni^{2+}) = 1 \times 10^{-4}$ mol/L；$c(MIBC) = 1 \times 10^{-4}$ mol/L$)$

1—绿泥石；2—绿泥石+铜离子；3—绿泥石+镍离子

为了研究铜离子和镍离子影响绿泥石浮选的原因，根据溶液中金属离子水解平衡常数和氢氧化物沉淀的溶度积计算了铜离子和镍离子浓度为 1×10^{-4} mol/L 时的组分-pH 值图，结果分别如图 4-5 及图 4-6 所示。由图 4-5 结果可知，在不能抑制绿泥石浮选的强酸性条件下，铜离子主要以 Cu^{2+}、$CuOH^+$ 形式存在，当矿浆 pH 值升高到 6.2 时，$Cu(OH)_2$ 沉淀开始生成并迅速成为主要组分，铜离子对绿泥石的浮选具有最强的抑制作用。因此，铜离子水解生成亲水的 $Cu(OH)_2$ 沉淀吸附在绿泥石表面应该是铜离子对绿泥石浮选产生抑制作用的主要原因。

由图 4-6 结果可知，在不能抑制绿泥石浮选的强酸性条件下，镍离子主要以 Ni^{2+}、$NiOH^+$ 形式存在，当矿浆 pH 值升高到 8.4 时，$Ni(OH)_2$ 沉淀开始生成且逐渐增多，此时镍离子对绿泥石的浮选具有最强的抑制作用。因此，镍离子水解

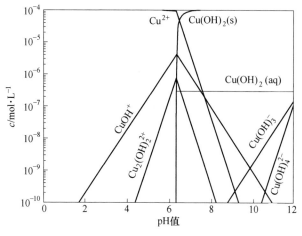

图 4-5 铜离子的组分-pH 值图

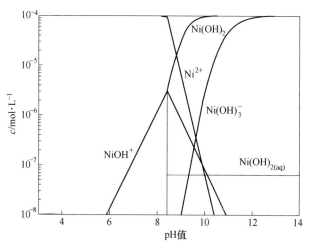

图 4-6 镍离子组分-pH 值图

生成亲水的 $Ni(OH)_2$ 沉淀是镍离子对绿泥石浮选产生抑制作用的主要原因。

图 4-7 （a）所示为铜离子对绿泥石表面电位的影响。由图可知，绿泥石的零电点 pH 值为 4.5，pH 值小于 4.5 时，绿泥石表面荷正电，当矿浆 pH 值大于 4.5 时，绿泥石表面荷负电且负电性随 pH 值升高逐渐增大。在强酸性条件下，铜离子的加入对绿泥石表面电位影响不大，当矿浆 pH 值升高到超过 3 时，铜离子的加入开始对绿泥石的表面电位产生影响，绿泥石表面电位由负变正，这可能是由于铜离子水解生成的荷正电的羟基铜及氢氧化铜吸附在绿泥石表面的结果。当矿浆 pH 值进一步增加超过 8 时，铜离子的影响进一步变化，绿泥石表面电位绝对值开始变小，直到 pH 值达到 10，绿泥石表面电位变为负值，这是吸附在绿

泥石表面的氢氧化铜的表面电位开始变负的结果。

　　图 4-7（b）所示为镍离子对绿泥石表面电位的影响。图中结果表明，在强酸性条件下，镍离子的加入对绿泥石表面电位也影响不大，当矿浆 pH 值升高到超过 4 时，镍离子的加入开始对绿泥石的表面电位产生影响，绿泥石表面电位由负变正。当矿浆 pH 值进一步增加超过 9 时，镍离子的影响发生变化，绿泥石表面电位绝对值开始变小，直到 pH 值达到 10.8，绿泥石表面电位变为负值，这是吸附在绿泥石表面的氢氧化镍的表面电位开始变负的结果。

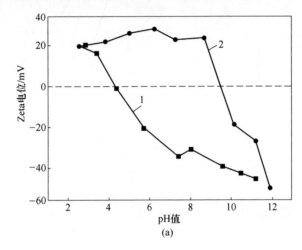

(a)

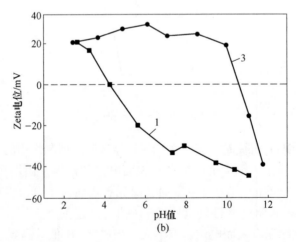

(b)

图 4-7　铜离子（a）和镍离子（b）对绿泥石表面电位的影响
1—绿泥石；2—绿泥石+铜离子；3—绿泥石+镍离子

　　图 4-7 结果表明，铜镍离子在绿泥石表面发生了吸附，从而改变了绿泥石表面电位。为了进一步证实铜、镍离子在绿泥石表面的吸附行为，测量了不同 pH

值条件下铜离子和镍离子在绿泥石表面的吸附量，结果如图4-8所示。由图4-8可知，铜镍离子在绿泥石表面的吸附行为随矿浆pH值的升高而增大。在强酸性条件下，铜、镍离子均以离子形式存在，在绿泥石表面吸附量较低，随pH值升高，铜、镍离子水解生成氢氧化物沉淀，在绿泥石表面吸附量增加。

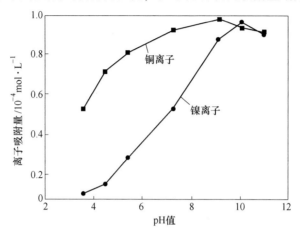

图4-8 不同pH值条件下绿泥石表面铜离子和镍离子吸附量

4.2.2 绿泥石与硫化矿物的聚集分散行为

图4-9所示是绿泥石与黄铁矿的Zeta电位随pH值的变化。由图可知，随着pH值升高，绿泥石Zeta电位降低并由正变为负，当pH值为4.5时，$\zeta=0$，故绿泥石的等电点pH值为4.5，这与其他研究者得到的结论相符。黄铁矿表面在所研究的pH值范围内荷负电，未测试到等电点。在pH值大于4.5时，绿泥石和黄铁矿表面均荷负电，二者之间存在静电排斥作用。

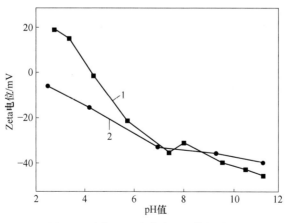

图4-9 矿物Zeta电位与pH值的关系
1—绿泥石；2—黄铁矿

采用光浊度法来表征矿粒在水中的分散性，浊度越大表明分散越好、浊度减小表明矿物颗粒间发生凝聚。由于试验选用的黄铁矿粒度较粗，在试验的条件和 pH 值范围内，黄铁矿易沉降，其初始含量为 10g/L 的矿浆，浊度仅为 35NTU。因此，绿泥石单矿物的浊度可以用来表征混合矿的理论浊度，混合矿浆浊度的变化反映的是绿泥石与黄铁矿间的异相凝聚/分散现象。图 4-10 是绿泥石与黄铁矿人工混合矿矿浆浊度与 pH 值的关系（初始绿泥石含量为 0.5g/L，黄铁矿含量为 10g/L）。由图 4-10 可知，绿泥石和黄铁矿人工混合矿的实际浊度值远远小于理论浊度值，表明在实验所研究的 pH 值范围内，绿泥石与黄铁矿发生了异相凝聚，这与矿物表面电性结果不相符。

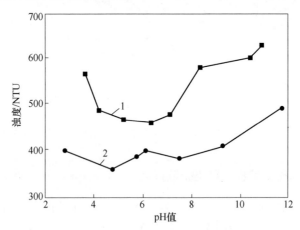

图 4-10 人工混合矿浊度与 pH 值的关系
1—理论浊度；2—实际浊度

为了进一步证实绿泥石与黄铁矿发生了异相凝聚，对黄铁矿和绿泥石混合调浆后的凝聚分散状态进行了显微镜下观察。将黄铁矿同绿泥石按照质量比为2∶1的比例混合，在 pH 值为 9 及 pH 值为 3 的条件下进行调浆，进行显微镜下观察，结果如图 4-11 所示。图中黑色大颗粒为黄铁矿而小颗粒为绿泥石。由图可知，在两种 pH 值条件下，绿泥石与黄铁矿均发生了显著的异相凝聚现象。

在磨矿和调浆过程中，由于矿浆中氧气的存在，黄铁矿表面容易氧化，使铁离子从黄铁矿表面溶解下来。黄铁矿和氧气反应、溶解的过程可以用下列方程表示：

$$2FeS + 7O_2 + 2H_2O \longrightarrow 2Fe^{2+} + 4SO_4^{2-} + 4H^+ \tag{4-1}$$

$$2Fe^{2+} + \frac{1}{2}O_2 + 2H^+ \longrightarrow 2Fe^{3+} + H_2O \tag{4-2}$$

式（4-1）和式（4-2）合并可得：

$$2FeS + \frac{15}{2}O_2 + H_2O \longrightarrow 2Fe^{3+} + 4SO_4^{2-} + 2H^+ \tag{4-3}$$

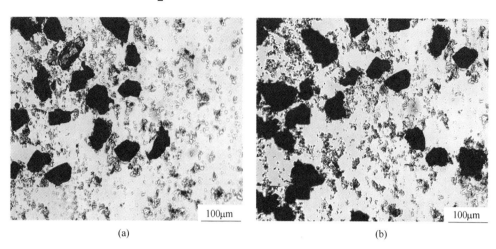

图 4-11　绿泥石与黄铁矿分散聚集状态

（a）pH 值为 9；（b）pH 值为 3

由式（4-3）可知，随着氧化过程的进行，溶液中 Fe^{3+} 数目增多，溶液 pH 值下降。影响黄铁矿氧化溶解的因素有很多，主要有溶液中溶解氧的浓度、溶液中铁离子浓度、黄铁矿颗粒表面积、颗粒表面不纯物质、温度等。表 4-1 为黄铁矿表面氧化溶出的铁离子浓度随 pH 值的变化。由图可知，黄铁矿在溶液中发生氧化，溶出了大量铁离子。随着 pH 值降低，黄铁矿表面溶出铁离子数目升高。

表 4-1　pH 值对铁离子溶出的影响

pH 值	3	5	7	9
铁离子溶出量/mg·L^{-1}	299	264	115	3.20

溶解的铁离子在溶液中不能稳定存在，在较高 pH 值下会水解生成羟基铁和氢氧化铁，可以通过金属离子的溶液化学计算，绘出浓度为 1×10^{-4} mol/L 时铁离子在不同 pH 值下各组分的浓度对数图，如图 4-12 所示。由图可知，在铁离子浓度为 1×10^{-4} mol/L 时，氢氧化铁在 pH 值为 2.9 时开始产生沉淀。在氢氧化物沉淀之前，溶液中主要以荷正电的羟基金属离子存在。

由于溶液中氧气的存在，调浆过程中黄铁矿表面氧化，铁离子从黄铁矿表面溶解下来，溶解的铁离子容易水解形成羟基铁和氢氧化铁，吸附或沉淀在绿泥石表面，这将引起绿泥石电位发生变化，同时，表面氧化的发生也使黄铁矿的电位发生变化。图 4-13 所示是铁离子存在情况下，绿泥石电位随 pH 值的变化，由图可以看出，加入铁离子后，绿泥石的表面电位随着 pH 值增加而增大，当增大到

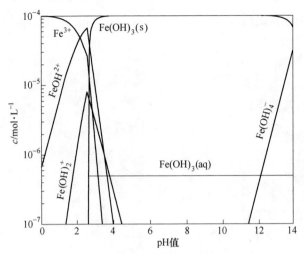

图 4-12 Fe^{3+} 水解组分的浓度对数图

（Fe^{3+} 浓度为 $1 \times 10^{-4} mol/L$）

最大值后随着 pH 值的增加而不断变小，在 pH 值为 9.6 时表面电位变为 0。这是铁离子水解生成的氢氧化物或羟基物在绿泥石表面吸附的结果。许多研究均表明铁离子和铜离子在滑石等硅酸盐表面吸附会使硅酸盐矿物的表面电位发生相似的变化[116,117]。图 4-13 的结果还显示了氧化的黄铁矿的表面电位随 pH 值的变化。氧化使黄铁矿的等电点发生了移动，因此，本研究所用的黄铁矿等电点出现在 pH 值为 4 左右是由于表面部分氧化。

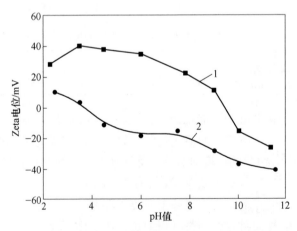

图 4-13   矿物 Zeta 电位与 pH 值的关系

1—绿泥石+铁离子；2—氧化黄铁矿

　　根据 DLVO 理论，矿物颗粒之间的聚集分散主要由矿物颗粒之间的静电作用能和范德华作用能决定。矿物表面电位的变化必然会影响矿物颗粒之间的静电作用能，从而影响颗粒之间的聚集分散状态。根据经典 DLVO 理论，异相矿物水基悬浮体中颗粒间相互作用总势能 V_T 为：

$$V_T = V_W + V_E \tag{4-4}$$

式中，V_W 为范德华作用能；V_E 为静电作用能。

球形颗粒间范德华作用能 V_W 的表达式为：

$$V_W = -\frac{A}{6H}\frac{R_1R_2}{R_1+R_2} \tag{4-5}$$

其中：

$$A = (\sqrt{A_{11}} - \sqrt{A_{33}})(\sqrt{A_{22}} - \sqrt{A_{33}}) \tag{4-6}$$

式中，A_{11} 为矿物 1 在真空中的 Hamaker 常数；A_{22} 为矿物 2 在真空中的 Hamaker 常数；A_{33} 为水在真空中的 Hamaker 常数；R_1 为矿物 1 球形粒子的半径；R_2 为矿物 2 球形粒子的半径；H 为矿物 1 与矿物 2 颗粒间的距离。

半径分别为 R_1 和 R_2 的异相颗粒间的静电作用能 V_E 的表达式为：

$$V_E = \frac{\pi\varepsilon_0\varepsilon_r R_1 R_2}{R_1+R_2}(\psi_1^2+\psi_2^2) \cdot \left\{ \frac{2\psi_1\psi_2}{\psi_1^2+\psi_2^2} \cdot \ln\left[\frac{1+\exp(-\kappa H)}{1-\exp(-\kappa H)}\right] + \ln[1-\exp(-2\kappa H)] \right\} \tag{4-7}$$

式中，ε_0 为真空中绝对介电常数，$\varepsilon_0 = 8.854\times10^{-12}$；$\varepsilon_r$ 为分散介质（水）的介电常数，$\varepsilon_r = 78.5C^2/(J \cdot m)$；$\psi_1$ 与 ψ_2 分别为矿物 1 与矿物 2 颗粒的表面电位，$\psi = \zeta(1 + x/R)\exp(\kappa x)$，$\zeta$ 为矿物固液界面 Zeta 电位，x 为带电矿粒表面到滑移面的距离，取 $x = 5\times10^{-10}$ m，R 为矿物颗粒半径，绿泥石和黄铁矿的颗粒半径分别为 4.91μm 和 26.7μm；κ^{-1} 为 Debye 长度，代表双电层厚度。

根据式（4-4），可以得到 pH 值为 9 时绿泥石与黄铁矿在水介质中颗粒间相互作用总势能与颗粒间距的关系，如图 4-14 所示。由图可知，黄铁矿与绿泥石

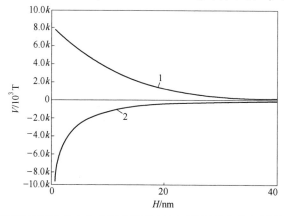

图 4-14 绿泥石与黄铁矿在水介质中颗粒间相互作用总势能与颗粒间距的关系
1—绿泥石与黄铁矿；2—绿泥石+铁离子与氧化黄铁矿

之间的相互作用能为正值，表明二者之间存在较强的相互排斥作用。黄铁矿表面氧化后，由于铁离子的氧化溶解以及重新沉淀吸附，绿泥石和黄铁矿的相互作用能变为负值，二者之间存在较强的相互吸引作用，容易发生异相凝聚。

综合以上结果可以推测，由于调浆时溶液中存在氧气，黄铁矿表面发生氧化，铁离子从黄铁矿表面溶解下来并发生水解，生成的羟基铁和氢氧化铁吸附在矿物表面，使其电位发生改变，黄铁矿和绿泥石由于电性相反而发生异相凝聚。

4.3   高分子抑制剂对微细粒绿泥石的抑制作用

图 4-15 所示为矿浆 pH 值的变化对不同粒度绿泥石浮选行为的影响。由图可知绿泥石具有一定的表面疏水性，其浮选回收率受 pH 值的影响较小，在试验所研究的整个 pH 值范围内，绿泥石浮选回收率变化不大。不同粒度的绿泥石浮选行为差别较大，$-10\mu m$ 粒级的细颗粒绿泥石的回收率高于 $-74\mu m+37\mu m$ 粒级的绿泥石。

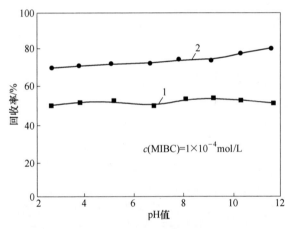

图 4-15   pH 值对绿泥石浮选的影响

1—$-74\mu m+37\mu m$；2—$-10\mu m$

考察了两种抑制剂，水玻璃和淀粉对细粒级绿泥石浮选的影响，结果如图 4-16 所示。图中结果表明，淀粉对细粒绿泥石具有较好的抑制作用，随淀粉用量增加，绿泥石浮选回收率降低，当淀粉用量达到 150mg/L 时，绿泥石浮选回收率降到最低，约为 3% 左右，再增加淀粉用量，绿泥石回收率变化不大。水玻璃对细粒绿泥石具有一定的抑制效果，随水玻璃用量增加，绿泥石浮选回收率降低，但绿泥石浮选回收率降低到一定值后变化较小。

抑制剂产生抑制作用的前提是能够吸附在矿物表面。考察了水玻璃和淀粉在细粒级绿泥石表面的吸附行为，结果如图 4-17 所示。图中结果表明，淀粉和水玻璃均能在绿泥石表面吸附，随药剂用量增加，水玻璃和淀粉的吸附量均增加。

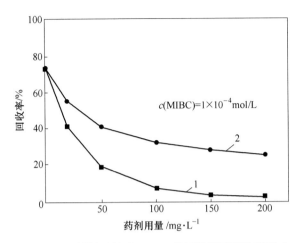

图 4-16　抑制剂用量对 -10μm 粒级绿泥石浮选的影响
1—淀粉；2—水玻璃

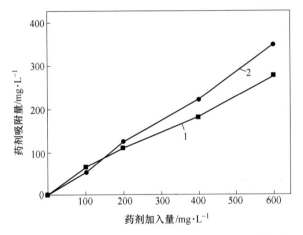

图 4-17　抑制剂在 -10μm 粒级绿泥石表面的吸附行为
1—水玻璃；2—淀粉

表面疏水性是影响矿物浮选回收率的主要原因。考察了两种抑制剂对绿泥石表面疏水性的影响，结果如图 4-18 所示。图中结果表明，绿泥石表面接触角为 55°，具有一定的天然疏水性，水玻璃和淀粉均能够降低绿泥石的表面接触角，随抑制剂用量增加，绿泥石表面接触角降低。

淀粉和水玻璃均能吸附在绿泥石表面，降低绿泥石的表面疏水性，然而淀粉能够完全抑制绿泥石的浮选，水玻璃不能完全抑制绿泥石的浮选。考察了两种抑制剂对绿泥石聚集分散行为的影响，结果如图 4-19 所示。图中结果表明，淀粉对细粒绿泥石产生了絮凝作用，随淀粉用量增加，绿泥石矿浆浊度降低。而随水玻璃用量增加，矿浆浊度升高，说明水玻璃对绿泥石产生了分散作用。粒度是影响绿泥石浮选回收率的重要因素，由于泡沫夹带行为的存在，细粒级绿泥石的浮选回收率要高于粗粒级绿泥石。因此，要实现细粒级绿泥石的完全抑制，不仅要降低绿泥石的表面疏水性，还要增加绿泥石的表观粒度，降低泡沫夹带作用。

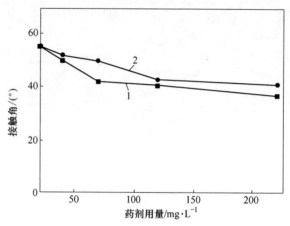

图 4-18 抑制剂对绿泥石表面疏水性的影响

1—淀粉；2—水玻璃

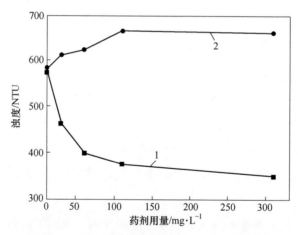

图 4-19 抑制剂用量对绿泥石浊度值的影响

1—淀粉；2—水玻璃

如图 4-20 所示，水玻璃和淀粉均能降低绿泥石的表面疏水性，但淀粉是一种高分子抑制剂，能够对细粒级绿泥石产生絮凝作用，在降低绿泥石表面疏水性的同时降低绿泥石的泡沫夹带，从而实现绿泥石的抑制；水玻璃是一种分散剂，能够降低绿泥石的表面疏水性，但它同时分散了细粒级绿泥石，无法消除泡沫夹带对绿泥石浮选的影响。

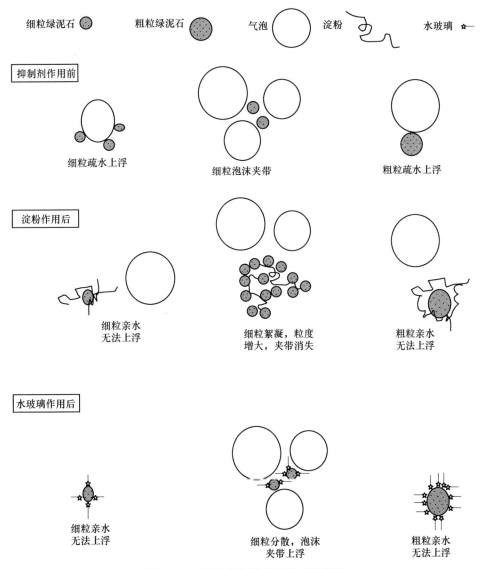

图 4-20 不同抑制剂的抑制机理示意图

4.4 高分子抑制剂在硫化矿物与绿泥石浮选分离中的作用

4.4.1 不同结构羧甲基纤维素对绿泥石浮选的影响

图 4-21 所示为 pH 值为 9 时，相对分子质量相同、取代度不同的羧甲基纤维素对绿泥石浮选的影响。图 4-21 结果表明，羧甲基纤维素对绿泥石具有抑制作用，且抑制效果受矿浆 pH 值的影响较大，在 pH 值小于 4 的强酸性条件下，绿

泥石受到羧甲基纤维素的强烈抑制，浮选回收率小于10%，随pH值升高，羧甲基纤维素对绿泥石的抑制效果逐渐减弱，在pH值大于11的强碱性条件下，羧甲基纤维素对绿泥石不具有抑制作用，绿泥石浮选回收率与不加羧甲基纤维素时差别不大。分子量相同而取代度不同的羧甲基纤维素对绿泥石的抑制效果不同，羧甲基纤维素取代度越低，对绿泥石的抑制效果越强。

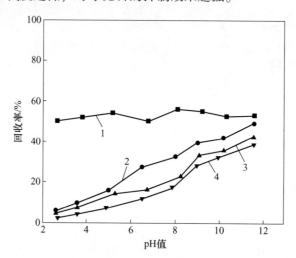

图4-21　不同取代度羧甲基纤维素对绿泥石浮选的影响

$(c(\text{MIBC}) = 1 \times 10^{-4}\text{mol/L}, c(\text{CMC}) = 100\text{mg/L}, \text{pH}$ 值为 9)

1—绿泥石；2—绿泥石+CMC，取代度1.2，相对分子质量25万；3—绿泥石+CMC，取代度0.9，相对分子质量25万；4—绿泥石+CMC，取代度0.7，相对分子质量25万

图4-22所示为pH值为9时，取代度相同、相对分子质量不同的羧甲基纤维素对绿泥石浮选的影响。图4-22结果表明，取代度相同而相对分子质量不同的羧甲基纤维素对绿泥石的抑制效果也不同，羧甲基纤维素相对分子质量越高，对绿泥石的抑制效果越强。

绿泥石的零电点pH值为4.5，当矿浆pH值小于4.5时，绿泥石表面荷正电，随pH值升高，矿物表面电荷绝对值降低，当pH值大于4.5时，绿泥石表面荷正电。可以推断，在浮选所用的弱碱性pH值区间，羧甲基纤维素分子中羧甲基上的Na^+或H^+在水溶液中会解离从而使羧甲基纤维素荷负电，与绿泥石表面电性相同，二者之间存在较强的静电排斥作用，导致羧甲基纤维素难以吸附在绿泥石表面，抑制效果较差，羧甲基纤维素取代度越高，荷的负电荷越多，静电排斥作用越强，抑制效果越差。在酸性pH值区间，羧甲基纤维素分子中的羧甲基水解带上H^+，不荷电，与绿泥石表面不存在静电排斥作用，抑制效果较强。

为了证实上述结论，研究了不同结构羧甲基纤维素在绿泥石表面的吸附行

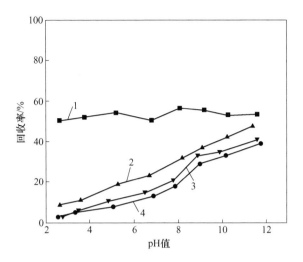

图 4-22　不同相对分子质量羧甲基纤维素对绿泥石浮选的影响

(c(MIBC) = $1×10^{-4}$ mol/L, c(CMC) = 100mg/L, pH 值为 9)

1—绿泥石；2—绿泥石+CMC，取代度 0.9，相对分子质量 25 万；3—绿泥石+CMC，
取代度 0.9，相对分子质量 70 万；4—绿泥石+CMC，取代度 0.9，相对分子质量 9 万

为，结果如图 4-23 及图 4-24 所示。图 4-23 为不同取代度的羧甲基纤维素在绿泥石表面的吸附行为，图 4-23 结果表明，不同取代度的羧甲基纤维素在绿泥石表面的吸附量不同，取代度越高，在绿泥石表面的吸附量越低，这与根据表面电位结果判断得出的结论一致。

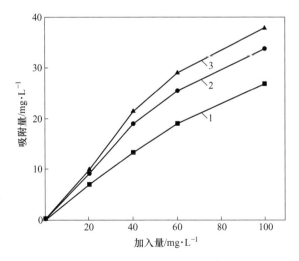

图 4-23　不同取代度的羧甲基纤维在绿泥石表面的吸附量

1—CMC，取代度 1.2，相对分子质量 25 万；2—CMC，取代度 0.9，相对分子质量 25 万；
3—CMC，取代度 0.7，相对分子质量 25 万

图 4-24 所示为取代度相同、相对分子质量不同的羧甲基纤维素在绿泥石表面的吸附行为，图 4-24 结果表明，当羧甲基纤维素用量较低时，不同羧甲基纤维素在绿泥石表面吸附量差别不大，而羧甲基纤维素用量较高时，不同羧甲基纤维素在绿泥石表面吸附量差别较大，相对分子质量越高，在绿泥石表面的吸附量越大。

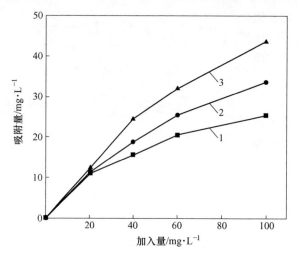

图 4-24 不同相对分子质量羧甲基纤维素在绿泥石表面吸附量

1—CMC，取代度 0.9，相对分子质量 9 万；2—CMC，取代度 0.9，相对分子质量 25 万；

3—CMC，取代度 0.9，相对分子质量 70 万

4.4.2 羧甲基纤维素分离黄铁矿与绿泥石

图 4-25 所示为固定戊黄药用量为 1×10^{-4} mol/L 时，矿浆 pH 值的变化对绿泥

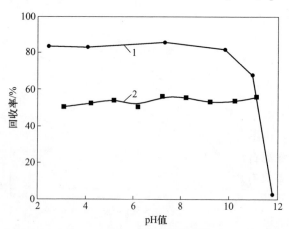

图 4-25 黄铁矿与绿泥石的浮选回收率随 pH 值的变化

$(c(\text{MIBC}) = 1 \times 10^{-4} \text{mol/L}, c(\text{戊黄药}) = 1 \times 10^{-4} \text{mol/L})$

1—黄铁矿；2—绿泥石

石与黄铁矿浮选回收率的影响。由图可知，绿泥石浮选回收率不受 pH 值的影响，在试验所研究的整个 pH 值范围内浮选回收率变化不大。黄铁矿浮选回收率受 pH 值影响较大，在酸性及中性 pH 值条件下，黄铁矿浮选回收率较高，而在碱性 pH 值条件下黄铁矿浮选回收率随 pH 值升高显著降低，这是由于强碱性 pH 值条件下黄铁矿表面氧化生成的亲水的氢氧化铁薄膜抑制了黄铁矿的上浮[118]。

图 4-26 所示为 pH 值为 9 时，戊黄药用量对绿泥石与黄铁矿浮选回收率的影响。由图可知，没有戊黄药加入时，黄铁矿浮选回收率较低，只有 41%，随着戊黄药用量增加，黄铁矿的浮选回收率迅速升高，当黄药用量为 $1 \times 10^{-4} \, \text{mol/L}$ 时，黄铁矿浮选回收率即达到 82%，再增加戊黄药用量，黄铁矿浮选回收率增加较小。与黄铁矿不同，绿泥石浮选回收率较低且不受戊黄药用量影响，随戊黄药用量增加，绿泥石浮选回收率变化不大。

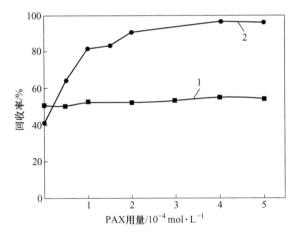

图 4-26　黄铁矿与绿泥石的浮选回收率随戊黄药用量的变化
（pH 值为 9, $c(\text{MIBC}) = 1 \times 10^{-4} \, \text{mol/L}$）
1—绿泥石；2—黄铁矿

由于绿泥石具有一定的可浮性，为了分离黄铁矿与绿泥石，使用羧甲基纤维素来抑制绿泥石的上浮。图 4-27 所示为羧甲基纤维素用量对绿泥石和黄铁矿浮选回收率的影响。由图可知，羧甲基纤维素是绿泥石的良好抑制剂，随羧甲基纤维素用量增加，绿泥石浮选回收率降低，当羧甲基纤维素用量达到 100mg/L 时，绿泥石浮选回收率只有 14%。羧甲基纤维素在抑制绿泥石浮选的同时，也影响了黄铁矿的浮选回收。羧甲基纤维素用量达到 100mg/L 时候，黄铁矿浮选回收率从 88% 降低到 55%。

图 4-28 所示为不同 pH 值条件下羧甲基纤维素和戊黄药不同添加顺序对绿泥石和黄铁矿浮选的影响。由图可知，羧甲基纤维素对黄铁矿的抑制受 pH 值影响

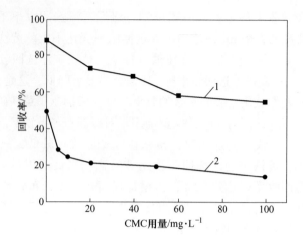

图 4-27　羧甲基纤维素用量对黄铁矿与绿泥石浮选的影响

$(c(\text{MIBC}) = 1×10^{-4}\text{mol/L}, c(\text{戊黄药}) = 1×10^{-4}\text{mol/L}, \text{pH 值为 9})$

1—黄铁矿；2—绿泥石

较大，pH 值越低，羧甲基纤维素对黄铁矿的抑制效果越强。羧甲基纤维素和戊黄药的添加顺序对黄铁矿的浮选影响较大，先加戊黄药时，羧甲基纤维素对黄铁矿的抑制效果减弱了。与黄铁矿不同，羧甲基纤维素和戊黄药的添加顺序对绿泥石浮选的影响较小。图中结果表明，在硫化铜镍矿浮选常用的弱碱性 pH 值区间，与先加羧甲基纤维素相比，先加捕收剂戊黄药时，黄铁矿与绿泥石的可浮性差异明显扩大。

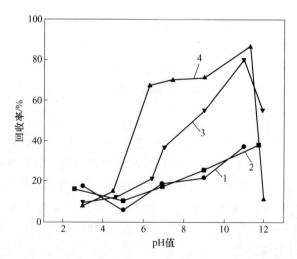

图 4-28　黄药与羧甲基纤维素添加顺序对绿泥石与黄铁矿浮选的影响

$(c(\text{MIBC}) = 1×10^{-4}\text{mol/L}, c(\text{戊黄药}) = 1×10^{-4}\text{mol/L}, c(\text{CMC}) = 100\text{mg/L})$

1—绿泥石+CMC+戊黄药；2—绿泥石+戊黄药+CMC；3—黄铁矿+CMC+戊黄药；4—黄铁矿+戊黄药+CMC

为了研究羧甲基纤维素和戊黄药不同添加顺序对绿泥石和黄铁矿浮选造成不同影响的原因，考察了不同条件下戊黄药和羧甲基纤维素在绿泥石及黄铁矿表面的吸附行为，结果如图 4-29 和图 4-30 所示。

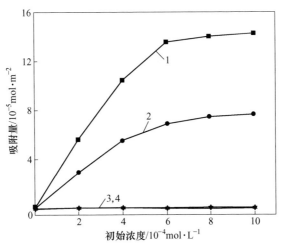

图 4-29　戊黄药与羧甲基纤维素添加顺序对戊黄药吸附量的影响

(c(CMC) = 100mg/L, pH 值为 9)

1—黄铁矿+戊黄药+CMC；2—黄铁矿+CMC+戊黄药；3—绿泥石+CMC+戊黄药；4—绿泥石+戊黄药+CMC

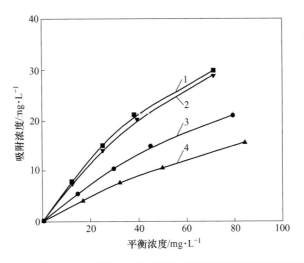

图 4-30　黄药与羧甲基纤维素添加顺序对羧甲基纤维素吸附量的影响

(c(戊黄药) = 1×10⁻⁴mol/L, pH 值为 9)

1—绿泥石+CMC+戊黄药；2—绿泥石+戊黄药+CMC；3—黄铁矿+CMC+戊黄药；4—黄铁矿+戊黄药+CMC

图 4-29 所示为不同加药顺序对戊黄药在绿泥石及黄铁矿表面吸附行为的影响。由图可知，戊黄药能够吸附在黄铁矿表面，随初始浓度增加，戊黄药在黄铁

矿表面吸附量增加。戊黄药和羧甲基纤维素添加顺序对戊黄药在黄铁矿表面的吸附量影响较大，先加羧甲基纤维素时，戊黄药吸附量低于先加戊黄药时。与黄铁矿不同，戊黄药不会吸附在绿泥石表面，羧甲基纤维素也不会影响戊黄药在绿泥石表面的吸附。

图 4-30 所示为加药顺序对羧甲基纤维素在绿泥石及黄铁矿表面吸附行为的影响。由图可知，羧甲基纤维素在黄铁矿和绿泥石表面均能吸附。戊黄药和羧甲基纤维素的添加顺序对羧甲基纤维素在黄铁矿表面的吸附影响较大，先加捕收剂戊黄药时，羧甲基纤维素在黄铁矿表面的吸附量降低。戊黄药和羧甲基纤维素的添加顺序对羧甲基纤维素在绿泥石表面的吸附影响不大，两种加药顺序下，羧甲基纤维素在绿泥石表面的吸附量相近。

图 4-31 所示为黄药与羧甲基纤维素不同添加顺序下药剂在黄铁矿表面吸附的红外光谱。先加抑制剂羧甲基纤维素时，黄铁矿的红外谱图在 1026cm^{-1} 处出现新的吸附峰，这是羧甲基纤维素 C—O 伸缩振动的结果[119]，说明 CMC 在黄铁矿表面发生了吸附；先加捕收剂戊黄药时，黄铁矿的红外光谱在 1087cm^{-1} 处出现新的吸附峰，这是戊黄药的 C＝S 伸缩振动特征峰[120]，羧甲基纤维素 C—O 伸缩振动峰没有出现。由此可知，先加捕收剂戊黄药，抑制剂羧甲基纤维素在黄铁矿表面的吸附减弱了。

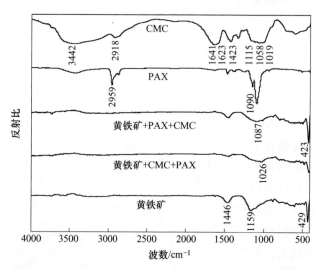

图 4-31 不同添加顺序下药剂与黄铁矿作用的红外光谱

在黄铁矿表面，羧甲基纤维素和戊黄药均能吸附，而在绿泥石表面，只有羧甲基纤维素能够吸附。因此，戊黄药和羧甲基纤维素在黄铁矿表面存在竞争吸附行为，先加捕收剂戊黄药可以降低羧甲基纤维素的吸附量，减弱羧甲基纤维素对黄铁矿的抑制效果。在绿泥石表面，戊黄药和羧甲基纤维素不存在竞争吸附，先加戊黄药不会影响羧甲基纤维素在绿泥石表面的吸附及对绿泥石的抑制作用。因此，改变抑制剂羧甲基纤维素和捕收剂戊黄药的添加顺序，即先加捕收剂戊黄药，可以扩大黄铁矿和绿泥石的分离选择性。

4.5 含绿泥石的硫化铜镍矿的选矿实践

新疆某铜镍矿石属发生较强烈氧化的低品位铜镍硫化矿，矿石中94.32%的铜以硫化铜形式存在，47.02%的镍以硫化物形式存在，其余的镍主要赋存于蛇纹石中无法选矿回收；镍、铜矿物均为不均匀细粒嵌布，铜矿物比镍矿物更细，细磨才可能解离，若将多金属硫化物及其集合体整体回收，则可放粗磨矿细度至-0.105mm左右；铜镍矿物间嵌布关系复杂，完全解离困难，影响铜镍分离。

矿石中脉石矿物以橄榄石居多，次为角闪石、蛇纹石、黑云母、滑石、绿泥石和方解石等。其中橄榄石主要为自形、半自形粒状，显微裂隙发育，多紧密镶嵌构成各种金属矿物的嵌布基底，粒度为0.3~1.0mm。蛇纹石系橄榄石的蚀变产物，呈细小的纤维状、叶片状，常呈网脉状沿裂隙充填交代橄榄石，交代强烈的局部颗粒几乎全由蛇纹石组成，但仍保留了原橄榄石的晶体外形。角闪石出现的频率相对较低，多沿橄榄石粒间充填，部分已发生纤闪石化。黑云母为片状，主要呈浸染状沿橄榄石或蛇纹石集合体的粒间零分布。滑石、绿泥石和方解石分布不均匀，大多以不规则状的形式与蛇纹石混杂交生，系后期热液蚀变活动形成的产物。总体来看，矿石中铜镍硫化物多沿脉石粒间充填，加之橄榄石显微裂隙发育，因此有利于磨矿过程中铜镍硫化物的解离，但蛇纹石等硬度低的鳞片状矿物含量较高将极易产生细泥而恶化分选环境。扫描电镜能谱微区成分分析结果显示，矿石中橄榄石为含镍很低的镁橄榄石，而蛇纹石则基本继承了橄榄石的化学成分特点，平均含镍0.17%，这是矿石中硅酸镍的主要赋存形式。

该矿石中镍矿物和铜矿物的形态多为不规则状，与嵌连矿物之间的接触界线多为不平直的锯齿状或港湾状；镍矿物和铜矿物的粒度不均匀，特别是部分呈微粒状产出；蛇纹石、滑石、绿泥石等硬度低的鳞片状脉石含量较高，虽然有利于目的矿物的解离，但磨矿、搅拌过程中它们均极易生成细泥而恶化分选；矿石中硅酸镍所占比例较大，镍主要赋存于蛇纹石中，这些工艺矿物学因素造成了该铜镍矿的难以高效回收。

针对该矿石含有高镁硅酸盐的特点，以碳酸钠和六偏磷酸钠作为调整剂，以Y89-2、丁铵黑药和Z200作为组合捕收剂，以CMC为抑制剂，采用一段磨选、一粗一精二扫的铜镍混合浮选流程，在磨矿细度为-0.074mm占80%条件下，可得到混合精矿含镍9.27%、含铜3.84%，镍回收率为51.13%、铜回收率为83.15%的指标。该浮选工艺流程如图4-32所示。

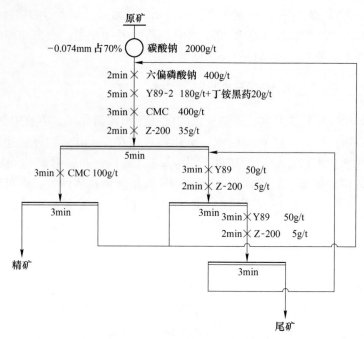

图 4-32　新疆某铜镍矿浮选流程图

5 硫化铜镍矿物与多种镁硅酸盐浮选分离

在铜镍硫化矿中往往多种镁硅酸盐矿物与硫化矿物共存，如滑石、绿泥石、蛇纹石等镁硅酸盐矿物常与黄铜矿、镍黄铁矿等硫化矿物共生。不同镁硅酸盐矿物的界面性质差异显著，如滑石的天然疏水性好，蛇纹石为天然亲水矿物；蛇纹石的零电点pH值最高，在7.5~11.8间，且随矿物的Mg/Si比增加而增大，其他镁硅酸盐矿物的零电点pH值分别为：绿泥石4.5，橄榄石4.1，滑石2。在低碱条件下，蛇纹石与其他矿物表面电性相反，易发生异相聚集，而硬度差异导致不同矿物粒度差异，会促进异相聚集体的形成。因此在硫化铜镍矿浮选体系中，颗粒的异相聚集不可避免。但是一直以来，在硫化铜镍矿石的浮选过程中，很少考虑多元镁硅酸盐共存时组元间的差异和组元之间的交互作用，且镁硅酸盐矿物间的不同比例及其与有用矿物间的比例关系对浮选的影响也鲜有报道。本章以蛇纹石、滑石为镁硅酸盐矿物代表，以黄铜矿、镍黄铁矿为硫化矿物代表，讲述硫化铜镍矿物与多种含镁硅酸盐浮选分离行为。

5.1 蛇纹石与滑石二元混合矿对硫化矿物浮选的影响

5.1.1 蛇纹石与滑石二元混合矿的浮选行为

本小节讨论了混合矿中蛇纹石与滑石的含量比例对滑石、蛇纹石二元混合矿浮选的影响，结果如图5-1所示。随二元混合矿中蛇纹石的含量比例增加、混合

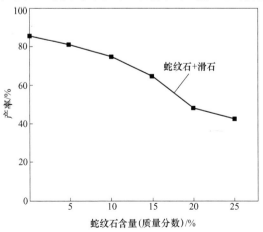

图 5-1　二元混合矿中蛇纹石含量比例对混合矿浮选行为的影响

（pH值为9.18，丁基黄药用量 $1×10^{-4}$ mol/L，2号油用量10mg/L）

矿回收率逐渐降低。滑石疏水性较好，而蛇纹石是一种亲水矿物，图 5-1 结果说明混合矿中蛇纹石的存在会影响滑石的上浮。

图 5-2 所示是 pH 值对滑石、蛇纹石二元混合矿浮选的影响。由图可知，pH 值对滑石、蛇纹石二元混合矿的浮选产生了影响，随 pH 值升高，二元混合矿的回收率升高。在试验研究的 pH 值范围内，蛇纹石、滑石二元混合矿的实际回收率均低于其理论回收率（滑石和蛇纹石回收率的平均值），说明在试验研究的 pH 值区间蛇纹石均对滑石产生了抑制作用。

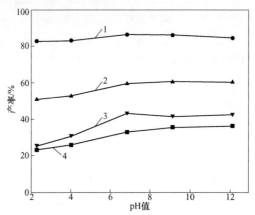

图 5-2   pH 值对蛇纹石和滑石二元混合矿浮选的影响

（丁基黄药用量 1×10^{-4} mol/L，2 号油用量 10mg/L）

1—滑石；2—（蛇纹石+滑石）平均产率；3—（蛇纹石+滑石）实际产率；4—蛇纹石

5.1.2   蛇纹石与滑石二元混合矿对铜镍硫化矿物浮选的影响

图 5-3~图 5-5 所示是在不同 pH 值条件下，二元混合矿中蛇纹石、滑石比例

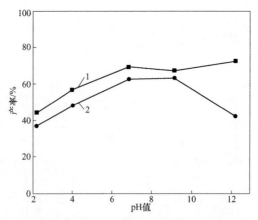

图 5-3   不同 pH 值条件下蛇纹石、滑石二元混合矿对硫化矿物浮选的影响

（丁基黄药用量 1×10^{-4} mol/L，2 号油用量 10mg/L）

1—蛇纹石+滑石+黄铜矿（3∶7∶10）；2—蛇纹石+滑石+镍黄铁矿（3∶7∶10）

对黄铜矿及镍黄铁矿浮选的影响。由图可知，随着二元混合矿中蛇纹石比例的增大，二元混合矿对黄铜矿及镍黄铁矿的抑制作用增强。图中结果还表明，蛇纹石与滑石二元混合矿对黄铜矿的抑制作用随 pH 值的升高而减弱；而蛇纹石与滑石二元混合矿对镍黄铁矿的抑制作用随 pH 值的升高先降低，当 pH 值超过 9 后，抑制效果又增强。

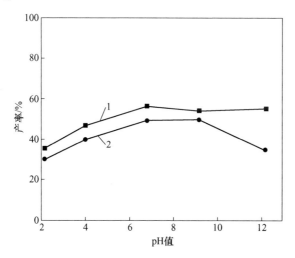

图 5-4　不同 pH 值条件下蛇纹石、滑石二元混合矿对硫化矿物浮选的影响
（丁基黄药用量 1×10^{-4} mol/L，2 号油用量 10mg/L）
1—蛇纹石+滑石+黄铜矿（5：5：10）；2—蛇纹石+滑石+镍黄铁矿（5：5：10）

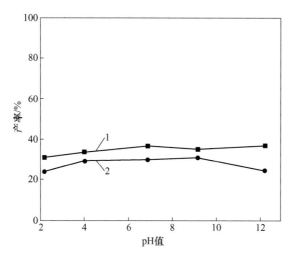

图 5-5　不同 pH 值条件下蛇纹石、滑石二元混合矿对硫化矿物浮选的影响
（丁基黄药用量 1×10^{-4} mol/L，2 号油用量 10mg/L）
1—蛇纹石+滑石+黄铜矿（7：3：10）；2—蛇纹石+滑石+镍黄铁矿（7：3：10）

图 5-6 所示是不同捕收剂 BSX 用量下，二元混合矿中蛇纹石、滑石的含量比例对黄铜矿及镍黄铁矿浮选的影响。由图可知，随捕收剂用量增加，混合矿的回收率逐渐升高，说明捕收剂用量的增加可以减弱蛇纹石、滑石二元混合矿对黄铜矿及镍黄铁矿浮选的影响。图中结果还表明，随二元混合矿中蛇纹石含量增大，增大捕收剂用量也无法提高混合矿的回收率，说明二元混合矿中的蛇纹石是影响硫化矿物浮选的主要原因。

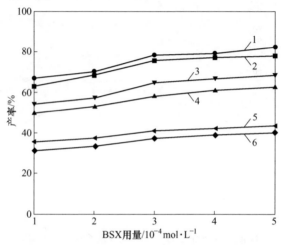

图 5-6　不同捕收剂 BSX 用量下二元混合矿对硫化矿物浮选的影响
(pH 值为 9.18，2 号油用量 10mg/L)
1—蛇纹石+滑石+黄铁矿（3∶7∶10）；2—蛇纹石+滑石+镍黄铜矿（3∶7∶10）；
3—蛇纹石+滑石+黄铜矿（5∶5∶10）；4—蛇纹石+滑石+镍黄铁矿（5∶5∶10）；
5—蛇纹石+滑石+黄铜矿（7∶3∶10）；6—蛇纹石+滑石+镍黄铁矿（7∶3∶10）

5.2　铜镍硫化矿物与二元镁硅酸盐矿物浮选分离

5.2.1　单一调整剂对镁硅酸盐矿物及硫化矿物浮选的影响

图 5-7 所示是抑制剂酸化水玻璃对滑石、蛇纹石及滑石和蛇纹石二元混合矿浮选行为的影响。由图可知，酸化水玻璃是蛇纹石的有效抑制剂，随酸化水玻璃用量增加，蛇纹石回收率迅速降低，当酸化水玻璃用量超过 50mg/L，蛇纹石回收率降低不明显；酸化水玻璃对滑石也有抑制作用，但抑制效果较弱，随酸化水玻璃用量增加，滑石回收率略微降低。与单一镁硅酸盐矿物不同，酸化水玻璃对二元混合矿没有抑制作用，滑石与蛇纹石二元混合矿的回收率随酸化水玻璃用量增加而上升，这可能是由于酸化水玻璃对二元混合矿产生了分散作用，使滑石表面罩盖的蛇纹石矿泥脱附，减弱了蛇纹石对滑石的抑制作用。

图 5-8 所示是固定酸化水玻璃用量时，pH 值的变化对酸化水玻璃抑制效果

的影响。由图可知，pH 值对酸化水玻璃的抑制作用影响较小，随 pH 值升高，滑石、蛇纹石单一镁硅酸盐矿物及滑石和蛇纹石二元混合矿回收率均变化不大。

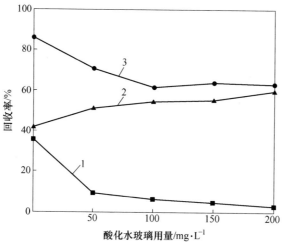

图 5-7 酸化水玻璃用量对镁硅酸盐矿物浮选的影响

(pH 值为 9.18，丁基黄药用量 $1×10^{-4}$mol/L，2 号油用量 10mg/L)

1—蛇纹石；2—滑石+蛇纹石；3—滑石

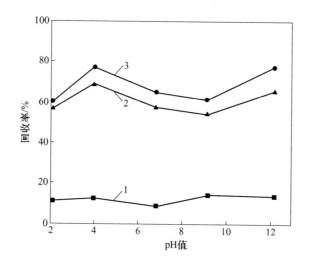

图 5-8 pH 值对酸化水玻璃抑制镁硅酸盐矿物浮选的影响

(丁基黄药用量 $1×10^{-4}$mol/L，2 号油用量 10mg/L)

1—蛇纹石；2—滑石+蛇纹石；3—滑石

图 5-9 所示是酸化水玻璃用量对黄铜矿和镍黄铁矿浮选的影响。由图可知，随酸化水玻璃用量增加，黄铜矿和镍黄铁矿回收率逐渐降低，但两种矿物的回收率仍然较高，说明酸化水玻璃对硫化矿物的抑制作用不强。

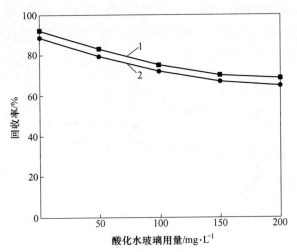

图 5-9　酸化水玻璃用量对硫化矿物浮选的影响

（pH 值为 9.18，丁基黄药用量 1×10⁻⁴mol/L，2 号油用量 10mg/L）

1—黄铜矿；2—镍黄铁矿

　　图 5-10 所示是使用酸化水玻璃为抑制剂时，pH 值对黄铜矿和镍黄铁矿浮选的影响。由图可知，在试验所研究的 pH 值范围内，黄铜矿和镍黄铁矿回收率变化不大，说明酸化水玻璃对硫化矿物的抑制效果受 pH 值影响较小。

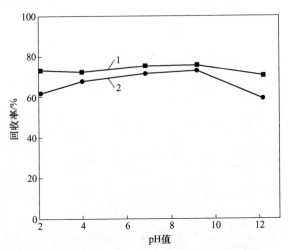

图 5-10　pH 值对酸化水玻璃抑制硫化矿物浮选的影响

（丁基黄药用量 1×10⁻⁴mol/L，2 号油用量 10mg/L）

1—黄铜矿；2—镍黄铁矿

　　图 5-11 所示是固定 pH 值条件下，酯化淀粉对滑石、蛇纹石及滑石和蛇纹石二元混合矿浮选的影响。由图可知，酯化淀粉是蛇纹石和滑石的有效抑制剂，随酯

化淀粉用量增加，滑石和蛇纹石矿物回收率均降低；酯化淀粉对滑石与蛇纹石二元混合矿也有抑制效果，二元混合矿的回收率随酯化淀粉用量的增加迅速降低。

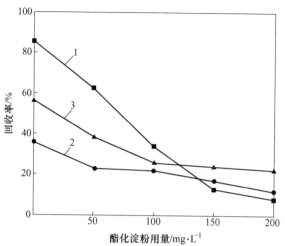

图 5-11 酯化淀粉用量对镁硅酸盐矿物浮选的影响

（pH 值为 9.18，丁基黄药用量 1×10^{-4} mol/L，2 号油用量 10mg/L）

1—滑石；2—蛇纹石；3—滑石+蛇纹石

图 5-12 所示是固定酯化淀粉用量时，pH 值的变化对酯化淀粉抑制镁硅酸盐浮选的影响。由图可知，酯化淀粉对蛇纹石的抑制作用不受 pH 值影响，而对滑石的抑制作用随 pH 值升高而增强，对蛇纹石与滑石二元混合矿的抑制作用也随 pH 值升高而增强。

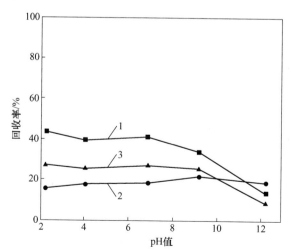

图 5-12 pH 值对酯化淀粉抑制镁硅酸盐矿物浮选的影响

（丁基黄药用量 1×10^{-4} mol/L，2 号油用量 10mg/L）

1—滑石；2—蛇纹石；3—滑石+蛇纹石

图 5-13 所示是酯化淀粉对黄铜矿和镍黄铁矿浮选的影响。由图可知，随酯化淀粉用量增加，黄铜矿和镍黄铁矿的回收率均降低，说明酯化淀粉是黄铜矿和镍黄铁矿的有效抑制剂。

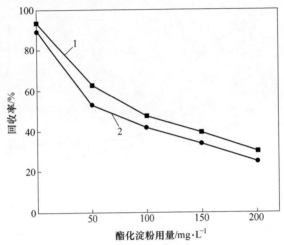

图 5-13　酯化淀粉对硫化矿物浮选的影响

(pH 值为 9.18，丁基黄药用量 $1×10^{-4}$mol/L，2 号油用量 10mg/L)

1—黄铜矿；2—镍黄铁矿

图 5-14 所示是固定酯化淀粉用量时，不同 pH 值条件下酯化淀粉对黄铜矿和镍黄铁矿浮选的影响。由图可知，不同 pH 值条件下，黄铜矿和镍黄铁矿浮选回收率变化不大，说明 pH 值对酯化淀粉的抑制效果影响不大。

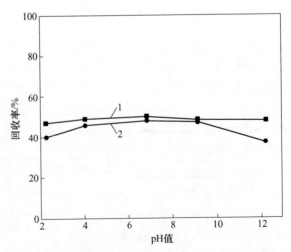

图 5-14　pH 值对酯化淀粉抑制硫化矿物浮选的影响

(丁基黄药用量 $1×10^{-4}$mol/L，2 号油用量 10mg/L)

1—黄铜矿；2—镍黄铁矿

图 5-15 所示是固定 pH 值条件下，木质素磺酸钙用量对滑石、蛇纹石及滑石和蛇纹石二元混合矿浮选的影响。由图可知，木质素磺酸钙是蛇纹石和滑石的有效抑制剂，随木质素磺酸钙用量增加，滑石和蛇纹石回收率均降低。与单一镁硅酸盐矿物不同，木质素磺酸钙对滑石与蛇纹石二元混合矿抑制效果较弱，随木质素磺酸钙用量增加，二元混合矿回收率先略微升高再降低，这可能是由于少量木质素磺酸钙加入后对二元混合矿产生了分散作用，使蛇纹石从滑石表面脱落下来，导致回收率的升高，木质素磺酸钙用量再增加对滑石产生了抑制作用，回收率又降低。

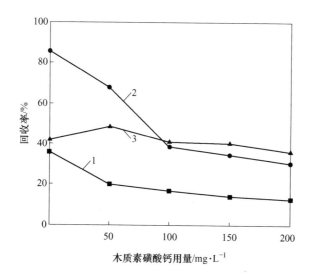

图 5-15　木质素磺酸钙用量对镁硅酸盐矿物浮选的影响
（pH 值为 9 18，丁基黄药用量 1×10^{-4} mol/L，2 号油用量 10mg/L）
1—蛇纹石；2—滑石；3—蛇纹石+滑石

图 5-16 所示为固定木质素磺酸钙用量条件下，pH 值的变化对酯化淀粉抑制镁硅酸盐矿物浮选的影响。由图可知，不同 pH 值条件下蛇纹石浮选回收率变化不大，说明 pH 值对木质素磺酸钙抑制蛇纹石影响不大；与蛇纹石不同，滑石的浮选回收率随 pH 值升高而增加，说明木质素磺酸钙对滑石的抑制作用随 pH 值升高而降低，这可能是由于高 pH 值条件下木质素磺酸钙带负电，与带负电的滑石之间存在较强的静电排斥力，难以吸附在滑石表面。对于滑石和蛇纹石二元混合矿，木质素磺酸钙在酸性条件下抑制作用较强。

图 5-17 所示是木质素磺酸钙对黄铜矿和镍黄铁矿浮选的影响。由图可知，随木质素磺酸钙用量增加，黄铜矿和镍黄铁矿的回收率均降低，但降低幅度较小，说明木质素磺酸钙对黄铜矿和镍黄铁矿抑制能力较弱。

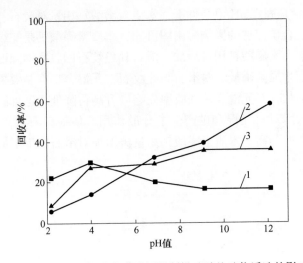

图 5-16 pH 值对木质素磺酸钙抑制镁硅酸盐矿物浮选的影响

（丁基黄药用量 $1×10^{-4}$ mol/L，2 号油用量 10mg/L）

1—蛇纹石；2—滑石；3—蛇纹石+滑石

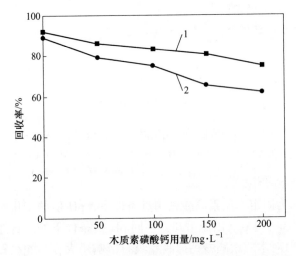

图 5-17 木质素磺酸钙对黄铜矿、镍黄铁矿浮选的影响

（pH 值为 9.18，丁基黄药用量 $1×10^{-4}$ mol/L，2 号油用量 10mg/L）

1—黄铜矿；2—镍黄铁矿

图 5-18 所示是固定木质素磺酸钙用量时，不同 pH 值条件下木质素磺酸钙对黄铜矿和镍黄铁矿浮选的影响。由图可知，不同 pH 值条件下，黄铜矿和镍黄铁矿浮选回收率变化不大，说明木质素磺酸钙对硫化矿物的抑制作用不受 pH 值影响。

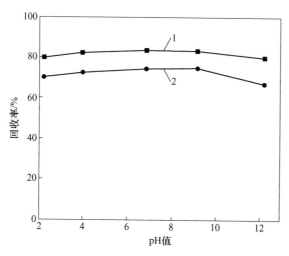

图 5-18　pH 值对木质素磺酸钙抑制黄铜矿、镍黄铁矿浮选的影响

（丁基黄药用量 $1×10^{-4}$mol/L，2 号油用量 10mg/L）

1—黄铜矿；2—镍黄铁矿

　　图 5-19 所示是固定 pH 值条件下，聚乙烯吡咯烷酮对滑石、蛇纹石及滑石和蛇纹石二元混合矿浮选的影响。由图可知，聚乙烯吡咯烷酮是一种镁硅酸盐矿物高效抑制剂，对滑石、蛇纹石以及两种矿物的混合矿均有抑制作用。随聚乙烯吡咯烷酮用量增加，镁硅酸盐矿物回收率降低。

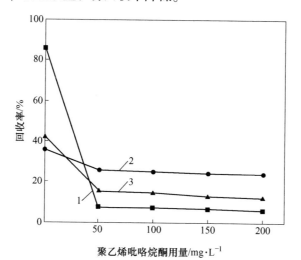

图 5-19　聚乙烯吡咯烷酮用量对镁硅酸盐矿物浮选的影响

（pH 值为 9.18，丁基黄药用量 $1×10^{-4}$mol/L，2 号油用量 10mg/L）

1—滑石；2—蛇纹石；3—滑石+蛇纹石

　　图 5-20 所示为固定聚乙烯吡咯烷酮用量条件下，pH 值的变化对聚乙烯吡咯烷酮抑制镁硅酸盐浮选的影响。由图可知，pH 值对聚乙烯吡咯烷酮抑制效果影响较小，随 pH 值增加，滑石、蛇纹石以及二元混合矿回收率均变化不大。

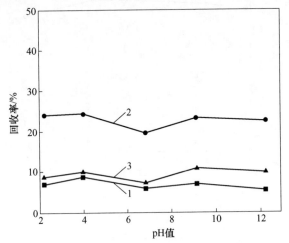

图 5-20　pH 值对聚乙烯吡咯烷酮抑制镁硅酸盐矿物浮选的影响

（丁基黄药用量 1×10^{-4} mol/L，2 号油用量 10mg/L）

1—滑石；2—蛇纹石；3—滑石+蛇纹石

　　图 5-21 所示是聚乙烯吡咯烷酮用量对黄铜矿和镍黄铁矿浮选的影响。由图可知：随聚乙烯吡咯烷酮用量增加，黄铜矿和镍黄铁矿回收率均降低，说明聚乙烯吡咯烷酮对黄铜矿和镍黄铁矿抑制能力较强。

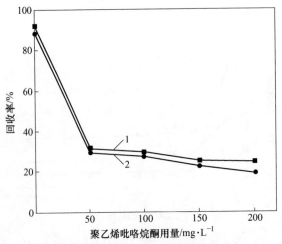

图 5-21　聚乙烯吡咯烷酮用量对黄铜矿、镍黄铁矿浮选的影响

（pH 值为 9.18，丁基黄药用量 1×10^{-4} mol/L，2 号油用量 10mg/L）

1—黄铜矿；2—镍黄铁矿

图 5-22 所示是固定聚乙烯吡咯烷酮用量时，不同 pH 值条件下聚乙烯吡咯烷酮对黄铜矿和镍黄铁矿浮选的影响。由图可知，不同 pH 值条件下，黄铜矿和镍黄铁矿浮选回收率变化不大，说明聚乙烯吡咯烷酮对硫化矿物的抑制作用受 pH 值影响较小。

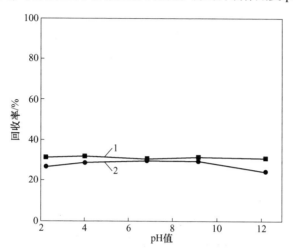

图 5-22　pH 值对聚乙烯吡咯烷酮抑制硫化矿物浮选的影响

（丁基黄药用量 1×10^{-4} mol/L，2 号油用量 10mg/L）

1—黄铜矿；2—镍黄铁矿

5.2.2　单一调整剂作用下硫化矿物与镁硅酸盐二元混合矿浮选分离

图 5-23 所示为固定 pH 值条件下，酸化水玻璃用量对硫化矿物（黄铜矿或镍

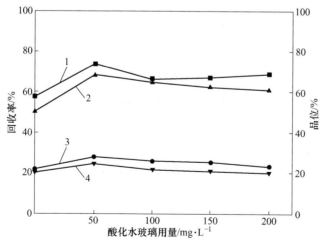

图 5-23　酸化水玻璃用量对混合矿浮选分离的影响

（pH 值为 9.18，丁基黄药用量 1×10^{-4} mol/L，2 号油用量 10mg/L）

1—黄铜矿回收率；2—镍黄铁矿回收率；3—铜品位；4—镍品位

黄铁矿）与滑石、蛇纹石二元混合矿浮选分离的影响。由图可知，随酸化水玻璃用量增加，精矿中镍或铜的品位变化不大，而黄铜矿或镍黄铁矿的回收率先升高后降低，说明酸化水玻璃对硫化矿物与二元混合矿有一定的分离作用。

图 5-24 所示为固定 pH 值条件下，酯化淀粉用量对硫化矿物（黄铜矿或镍黄铁矿）与镁硅酸盐二元混合矿浮选分离的影响。由图可知，随酯化淀粉用量增加，精矿中镍或铜的品位升高，而黄铜矿或镍黄铁矿回收率降低。说明酯化淀粉在抑制脉石的同时也会抑制硫化矿物。

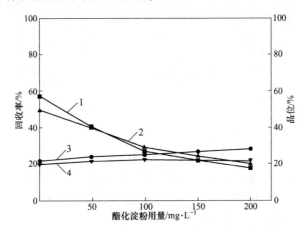

图 5-24　酯化淀粉用量对混合矿浮选分离的影响

（pH 值为 9.18，丁基黄药用量 $1×10^{-4}$ mol/L，2 号油用量 10mg/L）

1—黄铜矿回收率；2—镍黄铁矿回收率；3—铜品位；4—镍品位

图 5-25 所示为固定 pH 值条件下，木质素磺酸钙用量对硫化矿物（黄铜矿或

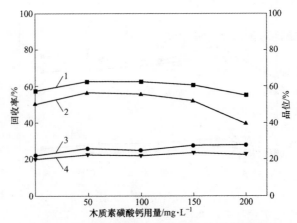

图 5-25　木质素磺酸钙用量对混合矿浮选的影响

（pH 值为 9.18，丁基黄药用量 $1×10^{-4}$ mol/L，2 号油用量 10mg/L）

1—黄铜矿回收率；2—镍黄铁矿回收率；3—铜品位；4—镍品位

镍黄铁矿）与镁硅酸盐二元混合矿浮选分离的影响。由图可知，随木质素磺酸钙用量增加，精矿中镍或铜的品位及回收率均变化不大，说明木质素磺酸钙对硫化矿物与镁硅酸盐二元混合矿没有分离作用。

图 5-26 所示是聚乙烯吡咯烷酮用量对硫化矿物（黄铜矿或镍黄铁矿）与镁硅酸盐二元混合矿浮选分离的影响，由图可知，随聚乙烯吡咯烷酮用量增加，精矿中镍或铜的品位不变，而黄铜矿或镍黄铁矿回收率迅速降低，说明混合矿中的黄铜矿和镍黄铁矿被强烈抑制。

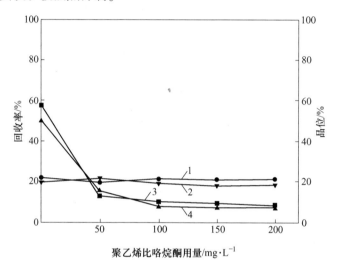

图 5-26　聚乙烯吡咯烷酮用量对混合矿浮选的影响

（pH 值为 9.18，丁基黄药用量 1×10^{-4} mol/L，2 号油用量 10mg/L）

1—铜品位；2—镍品位；3—黄铜矿回收率；4—镍黄铁矿回收率

5.2.3　组合调整剂对铜镍硫化矿物及二元镁硅酸盐混合矿浮选的影响

图 5-27 所示为先加入酸化水玻璃条件下，酯化淀粉用量对镁硅酸盐二元混合矿及黄铜矿、镍黄铁矿浮选的影响。由图可知：随酯化淀粉用量增加，镁硅酸盐二元混合矿回收率逐渐降低，当酯化淀粉用量达到 100mg/L 时，镁硅酸盐二元混合矿被强烈抑制，酸化水玻璃和酯化淀粉组合抑制剂发挥抑制作用的原因可能是由于酸化水玻璃具有分散作用，使罩盖在滑石表面的蛇纹石从滑石表面脱附，此时酯化淀粉能够对滑石产生抑制作用。图 5-27 结果还表明，酸化水玻璃和酯化淀粉组合抑制剂对黄铜矿和镍黄铁矿也有抑制作用。

图 5-28 是先加入酸化水玻璃条件下，聚乙烯吡咯烷酮用量对镁硅酸盐二元混合矿及黄铜矿、镍黄铁矿浮选的影响。由图可知：随聚乙烯吡咯烷酮用量增加，镁硅酸盐二元混合矿回收率迅速降低，当聚乙烯吡咯烷酮用量为 50mg/L

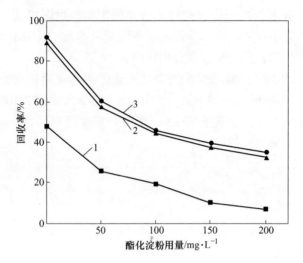

图 5-27   酸化水玻璃作用下酯化淀粉对镁硅酸盐二元混合矿及硫化矿物浮选的影响

（pH 值为 9.18，酸化水玻璃用量 50mg/L，丁基黄药用量 1×10^{-4}mol/L，2 号油用量 10mg/L）

1—蛇纹石+滑石；2—镍黄铁矿；3—黄铜矿

时，镁硅酸盐二元混合矿被完全抑制，聚乙烯吡咯烷酮用量再增加，二元混合矿回收率变化不大。图 5-28 结果还表明，酸化水玻璃和聚乙烯吡咯烷酮组合抑制剂对黄铜矿和镍黄铁矿也有抑制作用，因此酸化水玻璃和聚乙烯吡咯烷酮组合调整剂不能分离硫化矿物和镁硅酸盐二元混合矿。

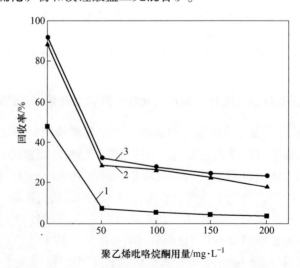

图 5-28   酸化水玻璃作用下聚乙烯吡咯烷酮对镁硅酸盐二元混合矿及硫化矿物浮选的影响

（pH 值为 9.18，酸化水玻璃用量 50mg/L，丁基黄药用量 1×10^{-4}mol/L，2 号油用量 10mg/L）

1—蛇纹石+滑石；2—镍黄铁矿；3—黄铜矿

图 5-29 是先加入木质素磺酸钙条件下，酯化淀粉用量对镁硅酸盐二元混合矿及镍黄铁矿、黄铜矿浮选的影响。由图可知，随酯化淀粉用量增加，镁硅酸盐二元混合矿回收率逐渐降低，当酯化淀粉用量为 150mg/L 时，二元混合矿回收率降到最低；图 5-29 结果还表明，木质素磺酸钙和酯化淀粉组合抑制剂对黄铜矿和镍黄铁矿也有抑制作用。

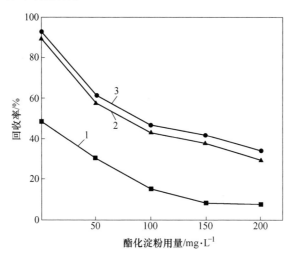

图 5-29　木质素磺酸钙作用下酯化淀粉对镁硅酸盐二元混合矿及硫化矿物浮选的影响
（pH 值为 9.18，木质素磺酸钙用量 50mg/L，丁基黄药用量 $1×10^{-4}$mol/L，2 号油用量 10mg/L）
1—蛇纹石+滑石；2—镍黄铁矿；3—黄铜矿

图 5-30 是先加入木质素磺酸钙条件下，聚乙烯吡咯烷酮对镁硅酸盐二元混合

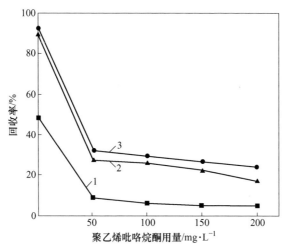

图 5-30　木质素磺酸钙作用下聚乙烯吡咯烷酮对镁硅酸盐二元混合矿及硫化矿物浮选的影响
（pH 值为 9.18，木质素磺酸钙 50mg/L，丁基黄药用量 $1×10^{-4}$mol/L，2 号油用量 10mg/L）
1—蛇纹石+滑石；2—镍黄铁矿；3—黄铜矿

矿及黄铜矿、镍黄铁矿浮选的影响。由图可知，木质素磺酸钙与聚乙烯吡咯烷酮组合使用对黄铜矿、镍黄铁矿和镁硅酸盐二元混合矿均有很好的抑制效果。

5.2.4 组合调整剂作用下硫化矿物与镁硅酸盐二元混合矿浮选分离

本小节讨论了酸化水玻璃和酯化淀粉组合抑制剂对硫化矿物（黄铜矿或镍黄铁矿）与镁硅酸盐二元混合矿浮选分离的影响，结果如图 5-31 所示。由图可知，先加入酸化水玻璃条件下，随酯化淀粉用量增加，铜或镍的品位均升高，而黄铜矿和镍黄铁矿的回收率先升高后降低，当酯化淀粉用量等于 50mg/L 时，硫化矿物与镁硅酸盐二元混合矿浮选分离指标最佳。图中结果表明，酸化水玻璃和酯化淀粉组合对硫化矿物与镁硅酸盐混合矿有较好的分离效果。

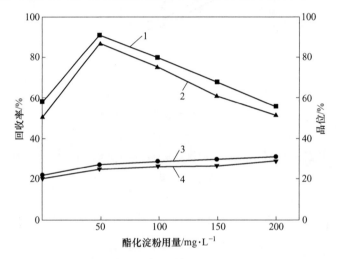

图 5-31   酸化水玻璃作用下酯化淀粉用量对人工混合矿浮选分离的影响

（pH 值为 9.18，酸化水玻璃用量 50mg/L，丁基黄药用量 $1×10^{-4}$mol/L，2 号油用量 10mg/L）

1—黄铜矿回收率；2—镍黄铁矿回收率；3—铜品位；4—镍品位

图 5-32 所示为酸化水玻璃和聚乙烯吡咯烷酮组合抑制剂对硫化矿物（黄铜矿或镍黄铁矿）与镁硅酸盐二元混合矿浮选分离的影响。图中结果表明：先加入酸化水玻璃条件下，随聚乙烯吡咯烷酮用量增加，铜或镍的品位变化不大，而黄铜矿和镍黄铁矿的回收率均降低。图中结果表明，酸化水玻璃和聚乙烯吡咯烷酮组合抑制剂不仅对镁硅酸盐矿物有较强的抑制作用，对黄铜矿和镍黄铁矿也有抑制效果，难以实现硫化矿物与镁硅酸盐二元混合矿的有效分离。

图 5-33 所示为木质素磺酸钙和酯化淀粉组合抑制剂对硫化矿物（黄铜矿或镍黄铁矿）与镁硅酸盐二元混合矿浮选分离的影响。图中结果表明：先加入木质素磺酸钙条件下，随酯化淀粉用量增加，铜或镍的品位略微增加，而黄铜矿和

镍黄铁矿的回收率先升高后降低，当酯化淀粉用量等于 50mg/L 时，黄铜矿或镍黄铁矿的回收率最高。图中结果表明，木质素磺酸钙+酯化淀粉组合难以实现铜镍硫化矿物与镁硅酸盐二元混合矿的有效分离。

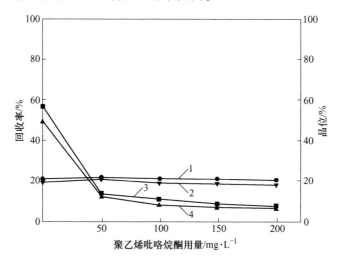

图 5-32　酸化水玻璃作用下聚乙烯吡咯烷酮对混合矿浮选分离的影响
（pH 值为 9.18，酸化水玻璃用量 50mg/L，丁基黄药用量 1×10⁻⁴mol/L，2 号油用量 10mg/L）
1—铜品位；2—镍品位；3—黄铜矿回收率；4—镍黄铁矿回收率

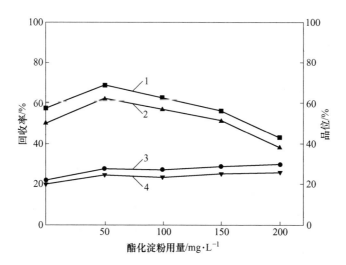

图 5-33　木质素磺酸钙作用下酯化淀粉对混合矿浮选分离的影响
（pH 值为 9.18，木质素磺酸钙用量 50mg/L，丁基黄药用量 1×10⁻⁴mol/L，2 号油用量 10mg/L）
1—黄铜矿回收率；2—镍黄铁矿回收率；3—铜品位；4—镍品位

图 5-34 所示为木质素磺酸钙和聚乙烯吡咯烷酮组合抑制剂对硫化矿物（黄

铜矿或镍黄铁矿）与镁硅酸盐二元混合矿浮选分离的影响。图中结果表明：先加入木质素磺酸钙条件下，聚乙烯吡咯烷酮对铜或镍品位影响不大，而黄铜矿和镍黄铁矿的回收率迅速降低。图中结果表明，木质素磺酸钙和聚乙烯吡咯烷酮组合抑制剂难以实现铜镍硫化矿物与镁硅酸盐二元混合矿的有效分离。

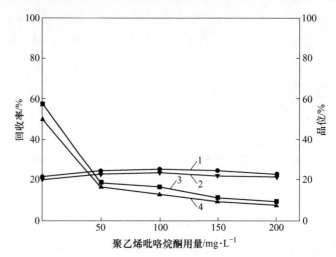

图 5-34　木质素磺酸钙作用下聚乙烯吡咯烷酮对混合矿浮选的影响

（pH 值为 9.18，木质素磺酸钙用量 50mg/L，丁基黄药用量 $1×10^{-4}$mol/L，2 号油用量 10mg/L）

1—铜品位；2—镍品位；3—黄铜矿回收率；4—镍黄铁矿回收率

5.3　硫化铜镍矿物与多元镁硅酸盐分离实践

5.3.1　新疆某硫化铜镍矿选矿实践

新疆某硫化铜镍矿，矿石中主要的金属为铜、铁、镍，其中铜的矿物形式有黄铜矿及少量的墨铜矿；铁的矿物形式主要为磁铁矿（Fe_3O_4）和磁黄铁矿，其次为镍黄铁矿、黄铁矿、褐铁矿。主要的脉石矿物有橄榄石、闪石，其次为滑石、蛇纹石、辉石、绿泥石，还有少量的长石、云母类等。该矿为原生硫化矿，铜的氧化率不高，矿石的矿物组成相对复杂，嵌布粒度细，单体解离较难，矿石中镍黄铁矿、黄铜矿的粒度较粗，镍黄铁矿与磁黄铁矿的关系非常紧密，在磨矿解离中难以有效解离。原矿多元素分析见表 5-1。

表 5-1　原矿化学成分　（%）

成　分	Cu	Pb	Zn	Fe	S	Ag*	As
含量（质量分数）	0.13	0.012	0.018	4.28	1.13	1.30	0.0007

成　分	K$_2$O	SiO$_2$	TiO$_2$	Al$_2$O$_3$	CaO	MgO	Ni
含量 （质量分数）	1.00	50.08	0.11	7.70	2.39	18.70	0.44

注：带 * 的单位是 g/t。

　　根据该矿石的工艺矿物学可知，矿石中含有大量的滑石类易浮、易泥化脉石矿物。首先考察了工艺流程对选铜的影响，试验流程分别如图 5-35 和图 5-36 所示，试验结果见表 5-2。

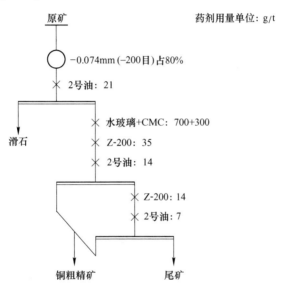

图 5-35　预先脱泥条件试验流程图

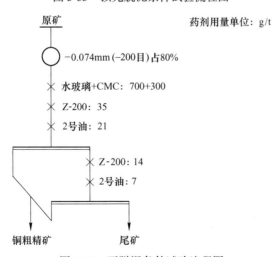

图 5-36　不脱泥条件试验流程图

表 5-2　工艺流程探索试验结果 （%）

流 程	产品名称	产率	品位（Cu）	回收率（Cu）
预先脱泥流程	滑 石	14.00	0.250	25.89
	铜粗精矿	24.98	0.340	62.83
	尾 矿	61.02	0.025	11.28
	原 矿	100.00	0.135	100.00
不脱泥流程	铜粗精矿	26.76	0.400	85.63
	尾 矿	73.24	0.024	14.37
	原 矿	100.00	0.125	100.00

由表 5-2 可知，预先脱泥流程有利于脱除部分滑石，但无法避免部分铜的损失；不脱泥流程工艺获得的指标更好。因此，在后续试验中选用不脱泥流程。

由工艺矿物学可知，该矿中滑石等易浮、易泥化脉石矿物较多，因此，需要找到合适的抑制剂进行有效抑制该类脉石矿物来提高铜粗精矿中铜的指标。采用水玻璃作分散剂，考察几种高分子抑制剂对铜粗选精矿指标的影响，试验流程和结果分别见图 5-37 和表 5-3。

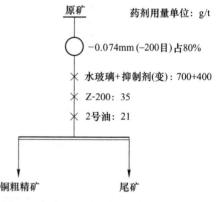

图 5-37　铜粗选抑制剂种类条件试验流程图

表 5-3　铜粗选抑制剂种类及组合条件试验结果 （%）

抑制剂	产品名称	产率	品位（Cu）	回收率（Cu）
CMC：400g/t	铜粗精矿	11.88	0.900	81.61
	尾 矿	88.12	0.027	18.39
	原 矿	100.00	0.131	100.00
阿拉伯胶：400g/t	铜粗精矿	9.24	1.300	80.53
	尾 矿	90.76	0.032	19.47
	原 矿	100.00	0.149	100.00
果胶：400g/t	铜粗精矿	10.46	1.020	78.83
	尾 矿	89.54	0.032	21.17
	原 矿	100.00	0.135	100.00
刺槐豆胶：400g/t	铜粗精矿	13.50	0.750	82.32
	尾 矿	86.50	0.025	17.68
	原 矿	100.00	0.123	100.00

续表 5-3

抑制剂	产品名称	产率	品位（Cu）	回收率（Cu）
羧化壳聚糖：400g/t	铜粗精矿	18.64	0.600	80.53
	尾 矿	81.36	0.033	19.47
	原 矿	100.00	0.139	100.00
黄薯树胶：400g/t	铜粗精矿	9.42	1.140	79.55
	尾 矿	90.58	0.030	20.45
	原 矿	100.00	0.135	100.00
CMC+刺槐豆胶：200g/t+200g/t	铜粗精矿	8.66	1.310	83.24
	尾 矿	91.34	0.025	16.76
	原 矿	100.00	0.138	100.00

由表 5-3 可知，当铜粗选抑制剂采用刺槐豆胶+CMC 作为组合抑制剂时，铜粗精矿中铜的综合指标较高，故在后续试验中选刺槐豆胶+CMC 组合抑制剂作为铜粗选中脉石抑制剂。

通过上面的试验可知，抑制剂采用刺槐豆胶和 CMC 组合效果较好，合适的药剂用量不仅优化浮选指标，而且降低选矿成本。本次试验考察抑制剂 CMC 用量对铜粗选精矿指标的影响，试验流程和结果分别见图 5-38 和表 5-4。

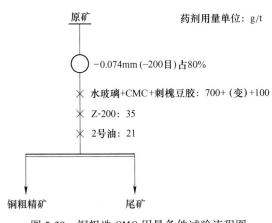

图 5-38 铜粗选 CMC 用量条件试验流程图

表 5-4 铜粗选 CMC 用量条件试验结果 （%）

CMC 用量	产品名称	产率	品位（Cu）	回收率（Cu）
100g/t	铜粗精矿	17.69	0.940	86.33
	尾 矿	82.31	0.032	13.67
	原 矿	100.00	0.193	100.00

CMC 用量	产品名称	产率	品位（Cu）	回收率（Cu）
	铜粗精矿	17.32	0.970	86.76
200g/t	尾 矿	82.68	0.031	13.24
	原 矿	100.00	0.194	100.00
	铜粗精矿	13.90	1.130	85.88
300g/t	尾 矿	86.10	0.030	14.12
	原 矿	100.00	0.183	100.00
	铜粗精矿	12.04	1.270	84.45
400g/t	尾 矿	87.96	0.032	15.55
	原 矿	100.00	0.181	100.00

由表 5-4 可知，适当增加抑制剂 CMC 用量，有利于提高铜粗精矿中铜品位，而铜回收率有所降低。当铜粗选抑制剂 CMC 用量为 200g/t 时，铜粗精矿中铜综合指标最佳，故在后续试验中选取 CMC 用量为 200g/t。

由上面试验已确定铜粗选抑制剂 CMC 用量为 200g/t，为了确定最佳抑制剂刺槐豆胶的用量，使其更好地抑制易浮滑石，本次试验考察刺槐豆胶用量对铜粗选精矿指标的影响，试验流程和结果分别见图 5-39 和表 5-5。

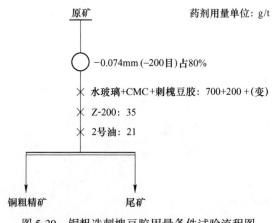

图 5-39 铜粗选刺槐豆胶用量条件试验流程图

表 5-5 铜粗选刺槐豆胶用量条件试验结果 （%）

刺槐豆胶用量	产品名称	产率	品位（Cu）	回收率（Cu）
	铜粗精矿	26.36	0.450	84.58
50g/t	尾 矿	74.64	0.029	15.42
	原 矿	100.00	0.140	100.00

续表 5-5

刺槐豆胶用量	产品名称	产率	品位（Cu）	回收率（Cu）
100g/t	铜粗精矿	18.92	0.630	86.42
	尾 矿	81.08	0.023	13.58
	原 矿	100.00	0.138	100.00
200g/t	铜粗精矿	10.46	1.160	86.57
	尾 矿	89.54	0.022	13.43
	原 矿	100.00	0.141	100.00
300g/t	铜粗精矿	9.64	1.147	83.77
	尾 矿	90.36	0.024	16.23
	原 矿	100.00	0.132	100.00

由表 5-5 可知，适当增加抑制剂刺槐豆胶用量，有利于提高铜粗精矿中铜的品位。随着刺槐豆胶用量的增大，铜回收率先增加后降低，综合选矿指标和药剂成本考虑，当刺槐豆胶用量为 200g/t 时，铜粗精矿中铜的综合指标最高，故在后续试验中选取刺槐豆胶用量为 200g/t。

在条件试验基础上，进行了闭路试验，试验流程和结果分别见图 5-40 和表 5-6。由表 5-6 可知，最终的小型闭路试验可得到铜品位为 21.95%，铜回收率为 75.57%的铜精矿。

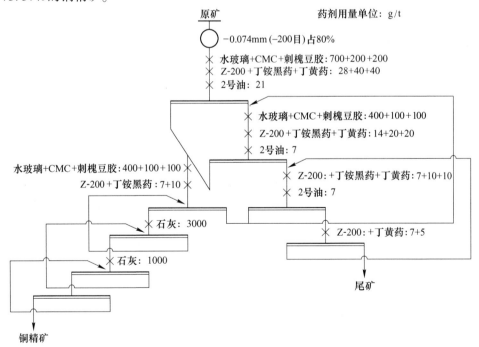

图 5-40 闭路试验流程图

表 5-6　闭路试验结果　　　　　　　　　　（%）

产品名称	产率	品位（Cu）	回收率（Cu）
铜精矿	0.42	21.950	75.57
尾　矿	99.58	0.030	24.43
原　矿	100.00	0.122	100.00

5.3.2　陕西某硫化铜镍矿选矿实践

　　陕西某硫化铜镍矿原矿化学多元素分析结果见表 5-7。化学多元素分析结果表明，矿石主要化学成分是 SiO_2、MgO、Fe 等；其次为 CaO、S、Al_2O_3 等；还含有少量或微量的 K_2O 、Cu、Pb、Zn、As 等。主要有价元素为 Ni、Co，可考虑综合回收 Fe、S、Cu 等元素。

表 5-7　原矿化学多元素分析结果　　　　　　（%）

元　素	Ni	S	MgO	Al_2O_3	SiO_2	CaO	TFe
含量（质量分数）	0.630	3.57	20.95	2.05	33.65	7.09	10.86

元　素	K_2O	Cu	Co	As	Pb	Zn
含量（质量分数）	0.47	0.037	0.0247	0.004	0.005	0.011

　　矿石中主要的金属矿物有磁黄铁矿、黄铁矿、磁铁矿、镍黄铁矿等，少量或微量的赤铁矿、褐铁矿、针镍矿、黄铜矿、紫硫镍矿、闪锌矿、方铅矿等。非金属矿物主要为滑石、透闪石、蛇纹石、菱镁矿、绿泥石、石英等，少量或微量的方解石、白云石、阳起石、黑云母、绿帘石、高岭石、磷灰石等。主要矿物及其相对含量见表 5-8。

　　原矿工艺矿物学研究结果表明，矿石中有用元素镍的含量为 0.630%，其他伴生元素含量均较低，暂无回收价值。原矿含 MgO 为 20.95%，主要的脉石矿物滑石、蛇纹石及菱镁矿等含量约占矿石总量的 50% 左右，在磨矿过程中这些脉石矿物易于过粉碎而泥化；硬度相对较高的脉石矿物透闪石，其矿物解理较完全，在磨矿中也易于过磨泥化，影响浮选；镍精矿品位较难提高，属于难选矿石。目前，国内外对这种类型矿石的处理办法有：（1）在硫化物浮选前预先脱除滑石；（2）添加脉石抑制剂抑制滑石进行镍的浮选。针对矿石的特性，采用了分散剂和抑制剂联合使用作为组合调整剂来消除多种含镁硅酸盐脉石对硫化矿物浮选的影响。

表 5-8　原矿主要矿物组成及其相对含量　　　　　　　　（%）

矿物名称	相对含量	矿物名称	相对含量
黄铁矿、镍黄铁矿	4	滑石	28
磁黄铁矿	5	蛇纹石	12
紫硫镍矿、针镍矿	微	绿泥石	5
磁铁矿	3	白云石、方解石	2
黄铜矿、斑铜矿	0.1	云母类	0.3
赤铁矿、褐铁矿	1	透闪石、阳起石	23
闪锌矿、方铅矿及其他硫化物	0.1	菱镁矿、菱铁矿	11
石英	5	其他	0.5

全闭路流程试验综合试验结果见表 5-9，全闭路试验工艺流程如图 5-41 所示。

表 5-9　全闭路流程试验综合试验结果　　　　　　　　（%）

产品名称	产率	镍品位	镍回收率
矿泥镍精矿	0.91	3.28	4.64
矿砂镍精矿	8.23	5.976	76.37
小计（镍精矿）	9.14	5.708	81.01
矿泥镍尾矿	24.71	0.163	6.25
矿砂镍尾矿	66.15	0.124	12.74
小计（镍尾矿）	90.86	0.135	18.99
原矿	100.00	0.644	100.00

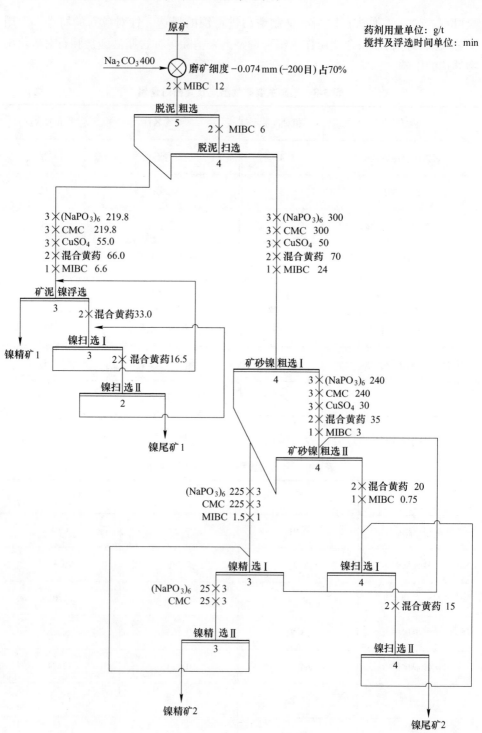

药剂用量单位：g/t
搅拌及浮选时间单位：min

图 5-41　全闭路试验工艺流程

参 考 文 献

[1] 范庆华. 现代汉语辞海（2）[M]. 哈尔滨：黑龙江人民出版社，2002：798.

[2] 谢高阳，申泮文，徐绍龄，等. 无机化学丛书（第九卷）[M]. 北京：科学出版社，1996.

[3] Kimiaxi. Utsh nomlya, et al. Metal Review of MM1 [J]. 1987, 4 (1)：24.

[4] 黄其兴. 镍冶金学 [M]. 1990：1~23，354~357.

[5] 别列果夫斯基，等. 镍冶金学 [M]. 李潜译. 北京：中国工业出版社，1962：15~29.

[6] 黄俞霖. 采用鼓风炉制备高镍材料的生产工艺：中国，CN 100516254 C [P]. 2009.

[7] Crowson P C F. Mineral reserves and future minerals availability [J]. Mineral Economics, 2011, 24 (1)：1~6.

[8] U. S. Geological Survey. Mineral commodity summaries 2007 [M]. Washington, 2007.

[9] 景沐. 金川二矿区贫矿选矿工艺流程研究 [D]. 昆明：昆明理工大学，2006.

[10]《环境科学大辞典》编辑委员会. 环境科学大辞典 [M]. 北京：中国环境科学出版社，1991.

[11] 邓德福. 广西某地氧化锰矿石伴生元素钪、钴、镍的赋存状态研究 [J]. 中国锰业，1996 (2)：15~17.

[12] 骆华宝. 中国主要硫化铜镍矿床及其成因研究 [D]. 北京：中国地质科学研究院，1990.

[13] 桑隆康，马昌前. 岩石学 [M]. 北京：地质出版社，2001：125~127.

[14] 汤中立. 中国岩浆硫化物矿床的主要成矿机制 [J]. 地质学报，1996 (3)：237~243.

[15] 刘民武. 中国几个镍矿床的地球化学比较研究 [D]. 西安：西北大学，2003.

[16] 须同瑞，曾绪伟. 康滇地区含钒钛磁铁矿基性超基性岩体成因类型、成矿特征及其成因 [J]. 矿床地质，1998.

[17] 傅德彬. 硫化铜镍矿床矿浆成矿的基本问题 [J]. 吉林地质，1988 (1)：11~23

[18] 傅德彬. 基性-超基性岩硫化铜镍矿床深成矿浆贯入成因论 [J]. 地质与勘探，1986 (4)：14~23.

[19] Weedon D S. The ultrabasic/basic igneous rocks of the Huntly region [J]. Scottish Journal of Geology, 1970, 6 (2)：26~40.

[20] Barrie C T, Hannington M D. Classification of volcanic-associated massive sulfide deposits based on host-rock composition [J]. Reviews in Economic Geology, 1999, 8：1~11.

[21] 胡熙庚. 有色金属硫化矿选矿 [M]. 北京：冶金工业出版社，1987.

[22] Muster T H, Prestidge C A. Rheological investigations of sulphide mineral slurries [J]. Minerals Engineering, 1995, 8 (12)：1541~1555.

[23] 潘兆橹. 结晶学及矿物学 [M]. 北京：地质出版社，1984.

[24] Marape G, Vermaak M K G. Fundamentals of pentlandite mineralogy and its effect on its electrochemical behaviour [J]. Minerals Engineering, 2012, 32 (5)：60~67.

[25] Legrand D L, Bancroft G M, Nesbitt H W. Surface characterization of pentlandite, (Fe,Ni)$_9$S$_8$,

by X-ray photoelectron spectroscopy [J]. International Journal of Mineral Processing, 1997, 51 (1-4): 217~228.

[26] Misra K C, Fleet M E. Chemical composition and stability of violarite [J]. Economic Geology, 1974, 69 (3): 391~403.

[27] Morimoto N, Gyobu A, Mukaiyama H, et al. Crystallography and stability of pyrrhotites [J]. Economic Geology, 1975, 70 (4): 824~833.

[28] Miller J D, Li J, Davidtz J C, et al. A review of pyrrhotite flotation chemistry in the processing of PGM ores [J]. Minerals Engineering, 2005, 18 (8): 855~865.

[29] 李江涛, 库建刚, 程琼. 某硫化铜镍矿浮选试验研究 [J]. 矿产保护与利用, 2006 (1): 37~39.

[30] Tzeferis P G, Agatzini-Leonardou S. Leaching of nickel and iron from Greek non-sulphide nickeliferous ores by organic acids [J]. Hydrometallurgy, 1994, 36 (3): 345~360.

[31] Ahonen L, Tuovinen O H. Bacterial leaching of complex sulfide ore samples in bench-scale column reactors [J]. Hydrometallurgy, 1995, 37 (1): 1~21.

[32] 许荣华. 硫化镍及硫化铜镍矿石选矿概述 [J]. 昆明理工大学学报, 2000, 25 (2): 2~5.

[33] 张秀品, 戴惠新. 某镍矿选矿降镁研究探讨 [J]. 云南冶金, 2006, 35 (3): 12~17.

[34] 彭容秋. 镍冶金 [M]. 长沙: 中南大学出版社, 2005.

[35] Beattie D A, Huynh L, Kaggwa G B. The effect of polysaccharides and polyacrylamides on the depression of talc and the flotation of sulphide minerals [J]. Minerals Engineering, 2006, 19 (6-8): 598~608.

[36] Witney J Y, Yan D S. Reduction of magnesia in nickel concentrates by modification of the froth zone in column flotation [J]. Minerals Engineering, 1997, 10 (2): 139~154.

[37] 褚有龙. 广西蛇纹石矿分布特征与开发应用探讨 [J]. 矿业发展, 2004 (11): 72~73.

[38] 朱继存. 蛇纹石的物质成分特征和利用 [J]. 石材, 2000 (12): 33~35.

[39] 曹树明, 张荣平, 王以鑫, 等. 蛇纹石理化性质及生物活性研究进展 [J]. 中国民族民间医药杂志, 2008, 17 (3): 30~33.

[40] Alvarez-Silva M, Uribe-Salas A, Mirnezami M, et al. The point of zero charge of phyllosilicate mineral using the Mular-Roberts titration technique [J]. Minerals Engineering, 2010, 23 (5): 383~389.

[41] Feng B, Lu Y, Feng Q, et al. Mechanisms of surface charge development of serpentine mineral [J]. Transactions of Nonferrous Metals Society of China, 2013, 23 (4): 383~389.

[42] 李学军, 王丽娟, 鲁安怀, 等. 天然蛇纹石活性机理初探 [J]. 岩石矿物学杂志, 2003, 22 (4): 386~390.

[43] 张明洋. 硫化矿浮选体系中多矿相镁硅酸盐矿物的同步抑制研究 [D]. 长沙: 中南大学, 2011.

[44] 王淀佐, 邱冠周, 胡岳华. 资源加工学 [M]. 北京: 科学出版社, 2008.

[45] Gallios G P, Deliyanni E A, Peleka E N, et al. Flotation of chromite and serpentine [J].

Separation and Purification Technology, 2007, 55 (2): 232~237.

[46] Kocabaga D, Shergold H L, Kelsall G H. Natural oleophilicity/hydrophobicity of sulphide minerals, II. Pyrite [J]. International Journal of Mineral Processing, 1990, 29 (3-4): 211~219.

[47] Fuerstenaua D W, Pradip. Zeta potentials in the flotation of oxide and silicate minerals [J]. Advances in Colloid and Interface Science, 2005, 6 (114-115): 9~26.

[48] Shaw D J. Electrophoresis [M]. Academic Press: New York, 1969.

[49] Bebie J, Schoonen M A, Fuhrmann M, et al. Surface charge development on transition metal sulfides: an electrokinetic study [J]. Geochimica et Cosmochimica Acta, 1998, 62 (4): 633~642.

[50] Dekkers M J, Schoonen M A. An electrokinetic study of synthetic greigite and pyrrhotite [J]. Geochimica et Cosmochimica Acta, 1994, 58 (19): 4147~4153.

[51] Fornasiero D, Eijt V, Ralston J. An electrokinetic study of pyrite oxidation [J]. Colloids and Surfaces A: Physicochemical and Engineering Aspects, 1992, 62 (1-2): 63~73.

[52] Usul A H, Tolun R. Electrochemical study of the pyrite-oxygen-xanthate system [J]. International Journal of Mineral Processing, 1974, 1 (2): 135~140.

[53] Bonnissel-Gissinger P, Alnot M, Ehrhardt J, et al. Surface oxidation of pyrite as a function of pH [J]. Environment science & technology, 1998, 32 (19): 2839~2845.

[54] Sysilä S, Laapas H, Heiskanen K, et al. The effect of surface potential on the flotation of chromite [J]. Minerals Engineering, 1996, 9 (5): 519~525.

[55] Bremmell K E, Fornasiero D, Ralston J. Pentlandite-lizardite interactions and implications for their separation by flotation [J]. Colloids and Surfaces A: Physicochemical and Engineering Aspects, 2005, 252 (2-3): 207~212.

[56] Leja J. Mechanisms of collector adsorption and dynamic attachment of particles to air bubbles as derived from surface chemical studies [J]. Transactions of the Institution of Mining and Metallurgy, 1956, 66 (9): 425~437.

[57] Wang X H, Forssberg E S. Mechanisms of pyrite flotation with xanthates [J]. International Journal of Mineral Processing, 1991, 33 (1-4): 275~290.

[58] Szargan R, Karthe S. XPS studies of xanthate adsorption on pyrite [J]. Applied Surface Science, 1992, 55 (4): 227~232.

[59] Harris P J, Finkelstein N P. Interactions between sulphide minerals and xanthates, I. The formation of monothiocarbonate at galena and pyrite surfaces [J]. International Journal of Mineral Processing, 1975, 2 (1): 77~100.

[60] Edwards C R, Kipkie W B, Agar G E. The effect of slime coatings of the serpentine minerals, chrysotile and lizardite on pentlandite flotation [J]. International Journal of Mineral Processing, 1980, 7 (1): 33~42.

[61] Arnold B J, Aplan F F. The effect of clay slimes on coal flotation, part II: The role of water quality [J]. International Journal of Mineral Processing, 1986, 17 (3-4): 243~260.

[62] Bandini P, Prestidge C A, Ralston J. Colloidal iron oxide slime coatings and galena particle flotation [J]. Minerals Engineering, 2001, 14 (5): 487~497.

[63] Malysiak V, Shackletona N J, O'Connor C T. An investigation into the floatability of a pentlandite-pyroxene system [J]. International Journal of Mineral Processing, 2004, 74 (1-4): 251~262.

[64] Attia Y A, Deason D M. Control of slimes coating in mineral suspensions [J]. Colloids and Surfaces A: Physicochemical and Engineering Aspects, 1989, 39 (1): 227~238.

[65] Finkelstein N P. The activation of sulphide minerals for flotation: a review [J]. International Journal of Mineral Processing, 1997, 52 (2-3): 81~120.

[66] Missana T, Adell A. On the applicability of DLVO theory to the prediction of clay colloids stability [J]. Journal of Colloid and Interface Science, 2000, 230 (1): 150~156.

[67] Adamczyk Z, Weroński P. Application of the DLVO theory for particle deposition problems [J]. Advances in Colloid and Interface Science, 1999, 83 (1-3): 137~226.

[68] Hermansson M. The DLVO theory in microbial adhesion [J]. Colloids and Surfaces B: Biointerfaces, 1999, 14 (1-4): 105~119.

[69] Salou M, Siffert B, Jada A. Study of the stability of bitumen emulsions by application of DLVO theory [J]. Colloids and Surfaces A: Physicochemical and Engineering Aspects, 1998, 142 (1): 9~16.

[70] Harding R D. Heterocoagulation in mixed dispersions-effect of particle size, size ratio, relative concentration, and surface potential of colloidal components [J]. Journal of Colloid and Interface Science, 1972, 40 (2): 164~173.

[71] Wang Q. A study on shear coagulation and heterocoagulation [J]. Journal of Colloid and Interface Science, 1992, 150 (2): 418~427.

[72] 龙天渝. 计算流体力学 [M]. 重庆: 重庆大学出版社, 2007.

[73] Zienkiewicz O C, Nithiarasu P, Codina R, et al. The characteristic-based-split procedure: an efficient and accurate algorithm for fluid problems [J]. International Journal for Numerical Methods in Fluids, 1999, 31 (1): 359~392.

[74] Corino E R, Brodkey R S. A visual investigation of the wall region in turbulent flow [J]. Journal of Fluid Mechanics, 1969, 37 (1): 1~30.

[75] Grass A J. Structural features of turbulent flow over smooth and rough boundaries [J]. Journal of Fluid Mechanics, 1971, 50 (2): 233~255.

[76] McWilliams J C. Emergence of isolated coherent vortices in turbulent flow [J]. Journal of Fluid Mechanics, 1984, 146 (9): 21~43.

[77] Krogstad P A, Antonia R A. Structure of turbulent boundary layers on smooth and rough walls [J]. Journal of Fluid Mechanics, 1971, 50 (2): 233~255.

[78] Nicholson K W. A review of particle resuspension [J]. Atmospheric Environment, 1988, 22 (12): 2639~2651.

[79] Reeks M W, Hall D. Kinetic models for particle resuspension in turbulent flows: theory and

measurement [J]. Journal of Aerosol Science, 2001, 32 (1): 1~31.

[80] Sehmel G A. Particle resuspension: A review [J]. Environment International, 1980, 4 (2): 107~127.

[81] Punrath J S, Heldman D R. Mechanisms of small particle re-entrainment from flat surfaces [J]. Journal of Aerosol Science, 1972, 3 (6): 429~440.

[82] Hubbe M A. Theory of detachment of colloidal particles from flat surfaces exposed to flow [J]. Colloids and Surfaces: Physicochemical and Engineering Aspects, 1984, 12 (3): 151~178.

[83] Cleaver J W, Yates B. Mechanism of detachment of colloidal particles from a flat substrate in a turbulent flow [J]. Journal of Colloid and Interface Science, 1973, 44 (3): 464~474.

[84] Braaaten D A, Paw U K T, Shaw R H. Particle resuspension in a turbulent boundary layer-observed and modeled [J]. Journal of Aerosol Science, 1990, 21 (5): 613~628.

[85] Ziskind G, Fichman M, Gutfinger C. Resuspension of particulates from surfaces to turbulent flows-Review and analysis [J]. Journal of Aerosol Science, 1995, 26 (5): 613~644.

[86] Thompson D W, Pownall P G. Surface electrical properties of calcite [J]. Journal of Colloid and Interface Science, 1989, 131 (1): 74~82.

[87] Yoon R H, Salman T, Donnay G. Predicting point of zero charge of oxides and hydroxides [J]. Journal of Colloid and Interface Science, 1979, 70 (3): 483~493.

[88] Alvarez-Silva M. Surface chemistry study on the pentlandite-serpentine system [D]. Montreal: McGill University, 2011.

[89] 孙传尧, 印万忠. 硅酸盐矿物浮选原理 [M]. 北京: 科学出版社, 2001.

[90] Liu X, Hu Y, Xu Z. Effect of chemical composition on electrokinetics of diaspore [J]. Journal of Colloid and Interface Science, 2003, 267 (1): 211~216.

[91] Somasundaran P, Wang D. Solution chemistry: minerals and reagents [M]. Amsterdam: Elsevier Press, 2006.

[92] Villalobos M, Leckie J O. Surface complexation modeling and FTIR study of carbonate adsorption to goethite [J]. Journal of Colloid and Interface Science, 2001, 235 (1): 15~32.

[93] Wijnja H, Schulthess C P. Carbonate adsorption mechanism on goethite studied with ATR-FT-IR, DRIFT, and proton coadsorption measurements [J]. Soil Science Society of America Journal, 2001, 65 (2): 324~330.

[94] Roonasi P, Holmgren A. An ATR-FTIR study of carbonate sorption onto magnetite [J]. Surface and Interface Analysis, 2010, 42 (6-7): 1118~1121.

[95] Rao D S, Vijayakumar T V, Angadi S, et al. Effects of modulus and dosage of sodium silicate on limestone flotation [J]. International Journal of Science and Technology, 2010, 4 (3): 397~404.

[96] Cuba-Chiem L T, Huynh L, Ralston J, et al. In situ particle film ATR-FTIR studies of CMC adsorption on talc: The effect of ionic strength and multivalent metal ions [J]. Minerals Engineering, 2008, 21 (12-14): 1013~1019.

[97] Cuba-Chiem L T, Huynh L, Ralston J, et al. In situ particle film ATR FTIR spectroscopy of

carboxymethyl cellulose adsorption on talc: binding mechanism, pH effects, and adsorption kinetics [J]. Langmuir, 2008, 24 (15): 8036~8044.

[98] Stolper E. Water in silicate glasses: An infrared spectroscopic study [J]. Contributions to Mineralogy and Petrology, 1982, 81 (1): 1~17.

[99] Yang X, Roonasia P, Holmgren A. A study of sodium silicate in aqueous solution and sorbed by synthetic magnetite using in situ ATR-FTIR spectroscopy [J]. Journal of Colloid and Interface Science, 2008, 328 (1): 41~47.

[100] Van Wazer J R, Callis C F. Metal complexing by phosphates [J]. Chemical Reviews, 1958, 58 (6): 1011~1046.

[101] Connor P A, McQuillan A J. Phosphate adsorption onto TiO_2 from aqueous solutions: an in situ internal reflection infrared spectroscopic study [J]. Langmuir, 1999, 15 (8): 2916~2921.

[102] Moustafa Y M, El-Egili K. Infrared spectra of sodium phosphate glasses [J]. Journal of Non-Crystalline Solids, 1998, 240 (1-3): 144~153.

[103] Corbridge D E C, Lowe E J. Quantitative infrared analysis of condensed phosphates [J]. Analytical Chemistry, 1955, 27 (9): 1383~1387.

[104] Guan X H, Liu Q, Chen G H, et al. Surface complexation of condensed phosphate to aluminum hydroxide: An ATR-FTIR spectroscopic investigation [J]. Journal of Colloid and Interface Science, 2005, 289 (2): 319~327.

[105] Mcquie J D. The influence of particle aggregation and pulp chemistry on the flotation of pentlandite fines in the slimes stream at Mt Keith [D]. Adelaide: University of South Australia, 1997.

[106] 杨合群. 论金川硫化铜镍矿床成因 [J]. 地球学报, 1991 (1): 117~135.

[107] 杨长祥, 辜大志, 张海军, 等. 镍矿资源深部开采面临的技术问题及对策 [J]. 采矿技术, 2008, 8 (4): 34~36.

[108] 张秀品. 金川二矿区富矿与龙首矿矿石混合浮选新工艺研究 [D]. 昆明: 昆明理工大学, 2006.

[109] 李萍, 刘文磊, 杨双春, 等. 国内外滑石的应用研究进展 [J]. 硅酸盐通报, 2013, 32 (4): 668~671.

[110] 南京大学地质学系岩矿教研室. 结晶学与矿物学 [M]. 北京: 地质出版社, 1978: 455.

[111] 彭小平. 滑石之应用与分析 [J]. 陶瓷研究, 1995, 10 (2): 89~95.

[112] Gayle Morris E, Daniel Fornasiero, John Ralston. Polymer depressants at the Talc-water interface: adsorption isotherm, microflotation and electrokinetic studies [J]. International Journal of Mineral Processing, 2002 (67): 211~227.

[113] Yehia A, AI-Wakeel. Talc separation from talc-carbonate ore to be suitable for different industrial applications [J]. Minerals Engineering, 2000, 13 (1): 111~116.

[114] Burdukova E, Becker M, Bradshaw D J, et al. Presence of negative charge on the basal

planes of New York talc [J]. Journal of Colloid and Interface Science, 2007 (315): 337~342.

[115] 孙传尧, 印万忠. 关于硅酸盐矿物的可浮性与其晶体结构及表面特性关系的研究 [J]. 矿冶, 1998 (3): 22~28.

[116] 冯其明, 刘谷山, 喻正军, 等. 铁离子和亚铁离子对滑石浮选的影响及作用机理 [J]. 中南大学学报 (自然科学版), 2006, 37 (3): 476~480.

[117] 曹钊, 张亚辉, 孙传尧, 等. 铜镍硫化矿浮选中 Cu (Ⅱ) 和 Ni (Ⅱ) 离子对蛇纹石的活化机理 [J]. 中国有色金属学报, 2014, 24 (2): 506~510.

[118] Monte M B M, Dutra A J B, Albuquerque J, et al. The influence of the oxidation state of pyrite and arsenopyrite on the flotation of an auriferous sulphide ore [J]. Minerals Engineering, 2002, 15 (12): 1113~1120.

[119] Sharma P K, Rao K H. Adhesion of Paenibacillus polymyxa on chalcopyrite and pyrite: Surface thermodynamics and extended DLVO theory [J]. Colloids and Surfaces B: Biointerfaces, 2003, 29 (1): 21~38.

[120] 张芹, 胡岳华, 顾帼华, 等. 磁黄铁矿与乙黄药相互作用电化学浮选红外光谱的研究 [J]. 矿冶工程, 2004, 24 (5): 42~44.